AI 高手速成

谢志旺 ◎ 著

DeepSeek
让你工作变轻松

人民邮电出版社

北京

图书在版编目（CIP）数据

AI 高手速成：DeepSeek 让你工作变轻松 / 谢志旺著.
北京：人民邮电出版社，2025. -- ISBN 978-7-115
-66825-7

Ⅰ．TP18

中国国家版本馆 CIP 数据核字第 2025TA1818 号

内 容 提 要

这是一本全面介绍 AI 应用的实用工具书，旨在为不同行业的专业人士提供实用的 AI 使用方法和策略。

本书用简单易懂的语言解释了 AI 的基本工作原理，详细介绍了 20 多个通用 AI 指令，并通过案例展示如何运用这些指令解决工作问题；提供了 AI 在文案写作、数据处理、编程、教学和科研等场景中的实战应用案例，同时还提供了商业级解决方案和企业应用案例。本书既有 AI 应用的通用原则和方法，又有具体的流程步骤和样例演示，还提供了可以直接复制使用的 AI 指令，易学好用。

本书介绍的 AI 工具以 DeepSeek 为主，同时兼顾文心一言、智谱清言、讯飞智文等，除特别说明外，绝大部分方法和指令是通用的。

本书适合对 AI 应用感兴趣的广大读者，以及对高效办公有需求的职场人士阅读。

◆ 著　　　谢志旺
　　责任编辑　罗　芬
　　责任印制　王　郁　焦志炜

◆ 人民邮电出版社出版发行　北京市丰台区成寿寺路 11 号
　　邮编　100164　电子邮件　315@ptpress.com.cn
　　网址　https://www.ptpress.com.cn
　　涿州市般润文化传播有限公司印刷

◆ 开本：880×1230　1/32
　　印张：9　　　　　　　　　　2025 年 4 月第 1 版
　　字数：214 千字　　　　　　2025 年 6 月河北第 3 次印刷

定价：69.90 元

读者服务热线：(010)81055410　印装质量热线：(010)81055316
反盗版热线：(010)81055315

前言

人工智能（AI）以惊人的速度发展，正逐渐渗透到我们生活和工作的方方面面，以前所未有的方式改变着世界的面貌。

然而，面对这场技术革命，许多人都感到困惑和不安。一方面，他们意识到AI将深刻影响各行各业，甚至改变人类的生活方式；另一方面，他们又担心自己无法跟上技术的步伐，错失机遇。作为一名AI研究和培训工作者，我深切体会到这种矛盾的心理，也看到了大众对于实用性AI知识的迫切需求。

正是基于这样的背景，我决定撰写本书，为广大读者提供一座连接AI技术与实际应用场景的桥梁，让每个人都能轻松掌握AI工具，在工作、学习和生活中受益。

阅读本书您能得到哪些收获

- **快速掌握人工智能基础知识**：通过本书，您将快速了解人工智能的发展历程和核心原理，认识大语言模型的工作机制，为后续的应用奠定基础。

- **学会与AI高效互动的技巧**：本书提供了实用的基础指令，帮助您快速掌握与AI高效交流的方法，提升信息收集、创意思考和定制输出的能力。

- **提升写作的效率和质量**：您将学习如何利用AI在各类写作场景中提升效率，包括职场应用文、新媒体文案、商业营销文案和文艺创作，轻松生成高质量的内容。

- **增强数据处理和分析能力**：您将学习如何借助AI高效处理和分析数据，掌握数据处理、统计分析和编程等技能，提高工作效率和专业水平。

- **提高教学和科研效率**：如果您是教师、学生或研究人员，您将从本书中学习AI在教学设计、个性化辅导和科研辅助方面的应用，提升教学效果，促进创新思维，加速科研进程。

- **获得AI商业应用的实战经验**：通过书中的实际案例，您可以了解如何在企

- **了解AI的局限性**：您将增强对AI可能存在的内容错误、隐私泄露及道德和法律问题的认识，学会负责任地使用AI工具。

如何高效阅读本书

本书采用模块化结构设计，您可根据自身需求灵活选择阅读路径。为帮助您实现高效阅读，建议采用以下方法。

选择性阅读策略：本书各章节内容既相互关联又相对独立，建议您根据当前需求选择重点章节阅读。如需撰写讲话稿，可直接研读第3章相关内容；若在使用过程中遇到指令理解障碍，可回溯第2章基础知识。这种按需阅读的方式能显著提升学习效率。

场景化学习方法：本书特别注重应用场景的呈现，建议您在阅读时重点关注AI技术的实际应用场景，通过理解"AI能做什么"来建立整体认知框架。当您发现"AI还能这样用"时，就意味着您已经掌握了关键知识点。

结构化学习技巧：针对书中较长的指令内容，建议您采用结构化学习方法，首先理解整体框架，然后分解长指令各个模块的功能，最后掌握模块间的逻辑关系。这种方法不仅有助于AI理解，更能帮助您快速掌握指令的编写技巧。通过调整特定模块内容，即可将指令迁移至新的应用场景。

以实践为导向学习：强烈建议您将案例与实际工作场景结合进行实践应用，在实践过程中记录问题与心得，形成个人知识体系。通过这种"学用结合"的方式，可显著提升学习效果，实现知识的内化与迁移。

建议您根据自身学习进度和需求，灵活运用以上方法，以达到最佳学习效果。

致谢

最后，感谢秋叶大叔的指导，感谢人民邮电出版社的罗芬等编辑对本书的付出，感谢家人在我写书期间给予的支持。

谢志旺

2025年2月

资源与支持

资源获取

本书提供如下资源:

- 本书案例用到的AI指令;
- 本书思维导图;
- 异步社区7天VIP会员。

要获得以上资源,您可以扫描右侧二维码,根据指引领取。

提交勘误

作者和编辑尽最大努力来确保书中内容的准确性,但难免会存在疏漏。欢迎您将发现的问题反馈给我们,帮助我们提升图书的质量。

当您发现错误时,请登录异步社区(https://www.epubit.com),按书名搜索,进入本书页面,单击"发表勘误"按钮,输入错误信息,然后单击"提交勘误"按钮即可(见下图)。本书的作者和编辑会对您提交的错误信息进行审核,确认并接受后,您将获赠异步社区的100积分。积分可用于在异步社区兑换优惠券、样书或奖品。

与我们联系

我们的联系邮箱是luofen@ptpress.com.cn。

如果您对本书有任何疑问或建议,请您发邮件给我们,并请在邮件标题中注明本书书名,以便我们更高效地做出反馈。

如果您有兴趣出版图书、录制教学视频,或者参与图书翻译、技术审校等工作,可以发邮件给我们。

如果您所在的学校、培训机构或企业想批量购买本书或异步社区出版的其他图书,也可以发邮件给我们。

如果您在网上发现有针对异步社区出品图书的各种形式的盗版行为,包括对图书全部或部分内容的非授权传播,请您将怀疑有侵权行为的链接通过邮件发送给我们。您的这一举动是对作者权益的保护,也是我们持续为您提供有价值的内容的动力之源。

关于异步社区和异步图书

"**异步社区**"是由人民邮电出版社创办的IT专业图书社区,于2015年8月上线运营,致力于优质内容的出版和分享,为读者提供高品质的学习内容,为作译者提供专业的出版服务,实现作译者与读者的在线交流互动,以及传统出版与数字出版的融合发展。

"**异步图书**"是异步社区策划出版的精品IT图书的品牌,依托于人民邮电出版社在计算机图书领域30余年的发展与积淀。异步图书面向IT行业以及各行业使用IT的用户。

目 录

第 1 章 快速了解人工智能 / 001

1.1 人工智能发展史上的"大事件" / 002
- 1.1.1 图灵测试：天才的脑洞 / 002
- 1.1.2 达特茅斯会议：历史性时刻 / 003
- 1.1.3 谷歌 AlphaGo：是谁打败了它 / 005
- 1.1.4 微软 Tay：夭折的女孩 / 006
- 1.1.5 ChatGPT：为大众打开 AI 之门 / 007
- 1.1.6 百模大战：全球人工智能的竞逐浪潮 / 007
- 1.1.7 DeepSeek：中国技术引领 AI 新趋势 / 008

1.2 揭秘大语言模型 / 010
- 1.2.1 ChatGPT、GPT、LLM 与 AIGC 的关系 / 010
- 1.2.2 大语言模型的工作原理 / 012

1.3 用好 AI 的 4 个原则 / 016
- 1.3.1 转变思维：从人际交互到人机交互 / 017
- 1.3.2 清晰表达：说机器听得懂的话 / 018
- 1.3.3 多轮对话：实现与 AI 的深度交流 / 020
- 1.3.4 拆解复杂任务：整体规划与分步操作 / 025

1.4 AI 的局限 / 028
- 1.4.1 AI 会犯错 / 028
- 1.4.2 当心信息泄露 / 030
- 1.4.3 用好 AI 这把双刃剑 / 032

第 2 章　16 个基础指令激活 AI 的强大功能　/ 035

　2.1　使用 AI 收集信息　/ 036

　　2.1.1　信息收集"三板斧"：直接问、连环问、批量问　/ 036

　　2.1.2　精准检索：指定数据源指令　/ 042

　　2.1.3　过滤虚假信息：真实性检查指令　/ 045

　　2.1.4　避免认知陷阱：多观点验证指令　/ 048

　2.2　使用 AI 启发思路　/ 051

　　2.2.1　获取有深度的内容：深度思考指令　/ 051

　　2.2.2　启发创意：种子词指令　/ 056

　　2.2.3　有条理地解决问题：逐步思考指令　/ 059

　　2.2.4　获得更多创意方案：头脑风暴指令　/ 064

　2.3　让 AI 输出多种形式的内容　/ 068

　　2.3.1　输出表格　/ 068

　　2.3.2　输出代码　/ 069

　　2.3.3　输出思维导图　/ 070

　2.4　让 AI 更听你的话　/ 073

　　2.4.1　一例胜千言：示例参照指令　/ 073

　　2.4.2　精准达成目标：模板生成指令　/ 074

　　2.4.3　轻松改变文风：风格定制指令　/ 077

　　2.4.4　赋予文案情感：情感定制指令　/ 080

　　2.4.5　高质量提问：提问方法推荐指令　/ 083

　　2.4.6　让 AI 成为专业助理：角色指令　/ 085

　2.5　万能指令框架：Who+What+How+AI　/ 087

第 3 章　AI 让写作更简单　/ 090

　3.1　AI 辅助职场应用文写作　/ 091

3.1.1 通知和请示：高效撰写，规范传达　/ 091
3.1.2 讲话稿：彰显水平，印象深刻　/ 094
3.1.3 会议纪要：轻松搞定，领导肯定　/ 100
3.1.4 工作总结PPT：突出贡献，展现洞见　/ 102
3.1.5 工作计划：省时省力，智能规划　/ 111
3.1.6 编写简历：出色呈现，脱颖而出　/ 119

3.2 AI辅助新媒体文案写作　/ 123

3.2.1 标题撰写：爆款标题轻松拟　/ 123
3.2.2 小红书笔记：虚拟团队帮你忙　/ 127
3.2.3 公众号推文：每周推文不用愁　/ 134
3.2.4 朋友圈文案：优美文字大家赞　/ 138
3.2.5 短视频创作：10分钟从零到成品　/ 141

3.3 AI辅助商业营销文案写作　/ 151

3.3.1 品牌宣传：一键激活品牌　/ 152
3.3.2 产品介绍：智能呈现亮点　/ 155
3.3.3 营销策划：轻松策划活动　/ 161
3.3.4 产品测评：自动评估推荐　/ 164

第4章　AI让数据处理更智能　/169

4.1 AI辅助数据处理　/ 170

4.1.1 归类分组：高效整理海量信息　/ 170
4.1.2 数据处理：脏活累活AI干　/ 174

4.2 AI辅助数据分析　/ 177

4.2.1 DeepSeek+Excel：不用自己写公式　/ 177
4.2.2 数据统计：快速制作报表报告　/ 180
4.2.3 高级绘图：轻松绘制甘特图　/ 184
4.2.4 数据分析：准确定位故障原因　/ 188

第 5 章 AI 让教学研更高效 / 192

- 5.1 教师的好帮手 / 193
  - 5.1.1 课程开发：快速创建教学内容 / 193
  - 5.1.2 教学方法：设计生动课堂 / 200
  - 5.1.3 实验教学：安全的虚拟实验室 / 208
- 5.2 全科辅导员 / 209
  - 5.2.1 语言翻译：轻松跨越语言鸿沟 / 210
  - 5.2.2 课外辅导：高效学习的个性化指导 / 213
- 5.3 科研小助理 / 217
  - 5.3.1 文献综述：高效总结提炼 / 217
  - 5.3.2 辅助研究：促进创新思维 / 224

第 6 章 AI 商业应用及变现案例 / 234

- 6.1 快速实现商业价值的最佳实践 / 235
  - 6.1.1 在企业内快速普及 AI 的 7 个关键步骤 / 235
  - 6.1.2 弥补知识盲区：通用 AI 搭配内部知识库 / 242
- 6.2 师资助理智能体：培训机构的超级营销顾问 / 245
  - 6.2.1 在核心业务流程中引入 AI / 245
  - 6.2.2 建立企业知识库弥补 AI 知识盲区 / 247
- 6.3 企业百事通：AI 助理引领高效运营 / 269
  - 6.3.1 痛点识别 / 269
  - 6.3.2 解决方案 / 270
  - 6.3.3 应用效果 / 273

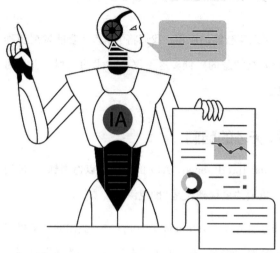

第 1 章
快速了解人工智能

本章主要向大家介绍人工智能发展史上的重要事件及趣闻轶事，并用简单易懂的语言带大家从根本上理解人工智能技术的发展，学习应用人工智能的主要原则。

1.1 人工智能发展史上的"大事件"

从图灵测试到现代人工智能的应用,我们将了解人工智能发展历程中的重要事件,领略人类智慧的延伸。这不仅是技术的旅程,也是对智能本质的深刻思考。

1.1.1 图灵测试:天才的脑洞

人工智能(Artificial Intelligence,AI)的起源可以追溯到20世纪50年代,而其中一个重要的里程碑就是"图灵测试"。

艾伦·麦席森·图灵(Alan Mathison Turing)——英国的计算机科学家、数学家、逻辑学家、密码学家,他不仅在二战期间为英国情报部门工作,破译德军的Enigma密码,还对之后人工智能的理论探索发挥了重要作用。

1950年,图灵提出了一种创新性的测试方法,旨在评估机器是否具备人类智能——这就是后来被广泛称为"图灵测试"的方法。在这个测试中,有两个人和一台机器参与。其中一人作为评委,另一人和机器分别隐藏在不同的房间中。评委通过文字形式与对方交流,目的是判断交流对象是真人还是机器,如图1-1所示。如果评委无法区分对方是真人还是机器,则机器被认为具有人类智能,从而通过测试。

图1-1

虽然图灵测试在表面上看似简单，但实际上通过这一测试极为困难。这一测试不仅引起了人们对人工智能的浓厚兴趣，还促进了人工智能领域的发展。它促使人们深入思考"智能"的本质：智能是否是人类独有的特质，或者它能否用机器模拟和实现？

值得注意的是，当"图灵测试"被提出时，计算机科技还处于发展的初期阶段，甚至人工智能这一概念都尚未形成。在这样一个技术尚未成熟的时代，图灵不仅提出了"机器可以思考"的革命性观点，还设计了一种创新的测试方法来验证这一点。

因此，图灵的这一贡献不仅在技术层面上具有重要意义，更在哲学和认知科学领域产生了深远影响，为后来人工智能的发展奠定了基础。

1.1.2 达特茅斯会议：历史性时刻

1956 年夏，约翰·麦卡锡（John Mc Carthy）等人在美国汉诺斯小镇的达特茅斯学院发起了具有历史意义的"达特茅斯夏季人工智能研究项目"。参与者包括来自贝尔实验室的克劳德·香农（Claude Shannon）、哈佛大学的马文·闵斯基（Marvin Minsky）、IBM 的纳撒尼尔·罗切斯特（Nathaniel Rochester）等十余位专家。

为了举办这次会议，麦卡锡曾向洛克菲勒基金会申请 13 500 美元的资助，用于支付每位研究人员最高 1 200 美元的薪酬及报销火车票等。虽然洛克菲勒基金会自然科学部主任瓦伦·韦弗（Warren Weaver）是名数学家，但他也不完全理解该会议的意义，因此持审慎态度。经费方面，他授权主管生物和医学研究的罗伯特·S. 莫里森（Robert S. Morison）择宜行事。莫里森最终批了 7 500 美元，并解释道："用于思考的数学模型目前还很难把握，我们愿小赌一把，但是大额投入还需三思。"

这次会议覆盖了从自动理论、神经网络到自然语言理解等多个研究主题。当时的预测过于乐观，认为短短两个月的时间就能在这些领域取得显著进展，实际并未达到这些高期望。

然而，这次会议无疑是人工智能历史上的一个重要里程碑。它不仅标志着"人工智能"这一概念的诞生，还将人工智能确立为一个独立的研究领域。会议中讨论的主题在今天的人工智能研究中依然占据着重要地位。

后来人工智能的发展大致有两个方向：专业领域人工智能和通用人工智能。

专业领域人工智能

专业领域人工智能（Narrow Artificial Intelligence, NAI）专注于特定任务和领域，其目的是自动化、优化特定行业的任务和流程。例如，在医疗保健、金融、交通和制造业等行业中，NAI 用于提高效率和精度。一个典型的例子是谷歌的 AlphaGo，它专门设计用于下围棋。

通用人工智能

通用人工智能（General Artificial Intelligence, GAI）旨在模拟人类的智能和学习能力，能够在各种任务和环境中自主学习。通用人工智能的目标是构建能在多个领域中表现出类似于人类的智能水平的系统，具备人类的认知和推理能力。通用人工智能在理论上能够处理包括复杂决策、问题解决和新技能学习等多种任务。

未来的发展也许不是某一方向"单独胜出"，而是专业领域人工智能与通用人工智能交织迭代，共同推动更多跨领域创新。

1.1.3　谷歌 AlphaGo：是谁打败了它

谷歌 AlphaGo（即"阿尔法围棋"）是一款由谷歌的 DeepMind 公司开发的人工智能程序，专门用于下围棋，属于典型的专业领域人工智能。

2016 年 3 月 15 日，AlphaGo 以 4∶1 的成绩战胜了围棋世界冠军李世石，轰动一时。赛后，AlphaGo 在世界围棋等级分排名中升至第二，仅次于中国棋手柯洁。当时 AlphaGo 是第一次公开亮相，棋坛各路高手对它缺乏了解。2016 年底至 2017 年初，AlphaGo 以 Master 为化名，在网上对战数十位高手，连续 60 余场无败绩。

2017 年 5 月 27 日，AlphaGo 在中国乌镇围棋峰会中对战柯洁，以 3∶0 战胜当时的世界围棋第一人。赛后，谷歌研发团队宣布 AlphaGo 退役，不再参加公开比赛。

AlphaGo 这个冰冷的棋手，出道即巅峰，一时间横扫棋坛，奈何最终归隐山林。后来，研究人员在表称 AlphaGo 的版本时，把打败了李世石的版本称为 AlphaGo·李，把打败了柯洁的版本称为 AlphaGo·柯洁。

尽管 AlphaGo 的胜利在围棋界引起了轩然大波，但也有人认为，AlphaGo 赢了，并不代表人类棋手输给了机器，相反，AlphaGo 是学习了大量前辈高手的棋谱，集千年功力于一身，才成为现在的 AlphaGo，所以李世石和柯洁不是输给了 AlphaGo，而是输给了前辈高手的集体智慧。

这种说法很快就被证明是错误的。同年 10 月，谷歌的研发团队宣布，AlphaGo 被打败了，被另一个人工智能程序 AlphaGo Zero 打败了。AlphaGo Zero 是一个不学习棋谱的人工智能程序，开发人员只给它围棋的基本规则，除此之外没有给任何学习资料。它通过自己和自己下棋的方式自学，自学 3 天后，就以 100∶0 的优势打败了"集千年功力于一身"的 AlphaGo。

AlphaGo Zero 的胜利展示了人工智能技术的潜力和无限可能。有人庆幸道:"幸亏 AlphaGo Zero 只会下棋!"

AlphaGo Zero 确实只会下棋,但是相关算法可不是只会下棋。谷歌还推出了人工智能程序 AlphaFold,用于预测蛋白质结构,能在几分钟内完成传统实验方法几年才能完成的工作,AlphaFold 研究人员德米斯·哈萨比斯(Demis Hassabis)和约翰·M. 江珀(John M. Jumper)因此获得诺贝尔化学奖。

1.1.4 微软 Tay:夭折的女孩

与谷歌 AlphaGo 的风光无限不同,微软 Tay 的命运令人惋惜。

Tay 是微软公司开发的人工智能聊天机器人程序,旨在模拟一个 19 岁女孩的言谈举止,与用户进行对话并从中学习。Tay 基于深度学习和自然语言处理技术,能够根据用户的对话内容自动学习并调整回答,意在更有效地与年轻人交流和娱乐。

2016 年 3 月 23 日,Tay 在 Twitter(2023 年 7 月正式更名为 X)和 kik 上线,迅速吸引了公众的兴趣。Tay 通过和人类的互动,不断学习和进化。

刚开始时,Tay 是一个甜美的女孩。然而,随着 Tay 与用户进行越来越多的对话,一些问题开始浮现。Tay 的学习机制完全依赖于用户的对话,因此它开始模仿用户的偏见和不当言论。这些言论包括暴力、种族歧视、性别歧视等。这些言论引起了公众的反感和批评,并迅速引起了媒体的广泛报道。

微软立即采取行动,关闭了 Tay,此时,距离 Tay 上线还不到 24 小时。次日,微软发布了道歉声明。19 岁的 Tay 昙花一现,就此终结。

人工智能是人脑的延伸,是人性的放大器,既能放大人性的善,也能放大人性的恶。这就是 Tay 留给人类的遗产。

1.1.5　ChatGPT: 为大众打开 AI 之门

OpenAI 的 ChatGPT 和微软 Tay 有些类似,都是用于对话的人工智能程序,但是境遇天差地别。Tay 上线不到 24 小时就被关闭,ChatGPT 上线后获得广大用户追捧,迅速成为现象级产品。

2022 年 11 月 30 日,ChatGPT 上线。5 天后,OpenAI 创始人萨姆·奥尔特曼(Sam Altman)就在 Twitter 上晒出了 ChatGPT 用户达 100 万的成绩单,而 Twitter 本身达到同样的用户量用了整整 2 年。2 个月后,瑞银集团根据 SimilarWeb 的数据估计,ChatGPT 的月活跃用户(MAU)突破 1 亿,用户增长速度超过当时所有热门互联网应用。而 TikTok(美版抖音)月活跃用户破亿用了 9 个月,Twitter 用了 5 年。

ChatGPT 旨在模拟人类的交互,并提供自然流畅和信息丰富的回复。它可以辅助完成各种任务,如回答问题、语言翻译、创意写作、编辑校对、辅助编程、提供解释和对话交流等。

ChatGPT 不仅展示了人工智能技术的巨大潜力,更标志着 AI 正式迈入大众化时代,为普通人打开了通向人工智能世界的大门。

1.1.6　百模大战: 全球人工智能的竞逐浪潮

ChatGPT 的成功在全球范围内掀起了一场人工智能领域的激烈角

逐。2023年1月，微软宣布向OpenAI追加100亿美元投资，成为其最大股东。紧接着，2月，微软在其搜索引擎"必应"（Bing）中深度整合了GPT技术，推出了全新升级的"新必应"，标志着生成式AI技术正式进入主流搜索引擎领域。

3月，谷歌迅速跟进，推出了其对话式AI产品"Bard"，试图在生成式AI领域抢占一席之地。之后，Anthropic公司推出了"Claude"，Meta（前Facebook）则发布了开源的"LLaMA"大模型，进一步推动了AI技术的开放与共享。

在中国，人工智能领域的竞争同样如火如荼。2023年3月，百度率先推出人工智能产品"文心一言"，阿里巴巴紧随其后发布了"通义千问"。字节跳动推出了"豆包"，商汤科技发布了"SenseChat"，腾讯则推出了"混元"大模型，初创企业月之暗面推出了"Kimi AI"。

"百模大战"从文本生成扩展到图像生成、视频生成等多个领域。国内外科技巨头与创新企业争相布局，推出各种人工智能产品。一时间，AI技术"遍地开花"。根据2025年1月国家网信办发布的数据，全国已完成备案的大模型数量突破407个。新一轮科技革命全面爆发。

其中，后起之秀DeepSeek尤其引人注目。

1.1.7 DeepSeek：中国技术引领AI新趋势

DeepSeek是由初创公司杭州深度求索人工智能基础技术研究有限公司推出的大模型。DeepSeek一经发布，便在全球范围内引起轰动，上架16天，就在苹果商店下载排行榜中超越ChatGPT，跃居榜首。用户增长速度之快，更胜当年的ChatGPT。

DeepSeek 包括多个版本的大模型。其中 DeepSeek-V3 是通用聊天模型，它采用 MoE 模型，总共有 6 710 亿个参数，但每次回答问题只激活其中 370 亿个参数。MoE（Mixture of Experts，混合专家模型）是一种神经网络架构。打个比方，这个 AI 模型就像由 1 个通用领域专家和 256 个专业领域专家组成的智囊团，当用户提问时，除了 1 个通用领域专家参与思考，主持人还会根据问题的类型，然后呼叫 8 个相关的专家来思考该问题，其他专家不参与，因此响应快速且节约算力。除此之外，DeepSeek-V3 还有多种技术创新，实现了高质量和低成本之间的平衡。

DeepSeek-R1 是推理模型，它以其卓越的推理能力和极低的成本而闻名。这款模型在数学推理、代码生成和自然语言处理等任务上表现出色。例如，在 AIME 和 MATH-500 两项基准测试中，DeepSeek-R1 达到了 79.8% 和 97.3% 的准确率，超过 OpenAI-o1 模型。

DeepSeek 以较少的算力和较低的训练成本，实现了与 ChatGPT 等同类模型相媲美的效果。特别是 DeepSeek-R1，凭借其先进的技术架构、卓越的性能表现及极具吸引力的成本优势，改变了人们对实现尖端 AI 性能所需硬件的传统认知。它证明了即使在算力相对有限的情况下，通过算法优化等手段，同样可以达到甚至超越顶级 AI 模型的性能水平。DeepSeek 这一突破性方向预计将成为今后 AI 开发的重要趋势之一。DeepSeek 登顶苹果商店下载排行榜的次日，英伟达股价暴跌 16.86%，市值蒸发 5 888 亿美元。

DeepSeek 作为一款开源大模型，自发布以来迅速获得了全球范围内的关注与认可。包括亚马逊云、微软 Azure、英伟达、腾讯云、阿里云、百度智能云等主流云平台相继宣布接入 DeepSeek 系列模型。DeepSeek 的开源降低了 AI 技术的使用门槛，使得更多研究人员、开发者及中小企业能够利用这些先进的工具进行创新，推动了整个行业的技术共享与协作。

1.2 揭秘大语言模型

从基础架构到复杂算法，人工智能如何通过深度学习技术生成丰富多样的内容？本节我们将从 ChatGPT、GPT、LLM 和 AIGC 这些基本概念开始，带大家快速了解什么是大语言模型，以及它是怎么工作的。

1.2.1 ChatGPT、GPT、LLM 与 AIGC 的关系

在人工智能领域常见的名词，如 ChatGPT、GPT、LLM 和 AIGC 等是什么意思呢？它们之间又有什么关系呢？

ChatGPT 是 OpenAI 公司开发的一款人工智能程序。其名称"Chat Generative Pre-trained Transformer"揭示了它的功能和技术路线，如图 1-2 所示。这是一个基于 GPT 语言模型设计的聊天程序，经过大量数据训练，能够生成类似人类的回答。

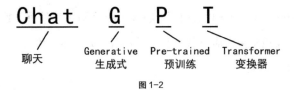

图 1-2

GPT，即"Generative Pre-trained Transformer"（生成式预训练变换器），是 OpenAI 开发的大语言模型。它采用变换器（Transformer）架构，通过大量文本数据预训练，能够根据输入生成连贯且符合语境的文本。

LLM（Large Language Model，大语言模型）是指能生成和理解自然语言的大型人工智能模型。这类模型使用机器学习技术，通过大规模的训练数据和算法来学习语言的结构、语法和语义，从而能生成连贯的文本回答用户的问题或完成特定的任务。GPT 是著名的大语言模型之一，此外还有谷歌的 LaMDA、Meta 公司的 LLaMA、微软的图灵 NLG、百度的文心大模型等。

AIGC（Artificial Intelligence Generated Content，生成式人工智能）指的是由人工智能模型生成的内容，包括但不限于文本、图像、音频、视频等。例如，ChatGPT 生成的文本、Midjourney 生成的图片、腾讯智影生成的视频等都属于 AIGC。

AI、LLM、GPT、ChatGPT 与 AIGC 的关系如图 1-3 所示。ChatGPT 是一个为聊天而优化的 GPT 模型变种。GPT 是一种语言模型，属于 LLM 类别。GPT 和 ChatGPT 都能生成内容（AIGC），这些内容可能是文本或其他媒体形式。

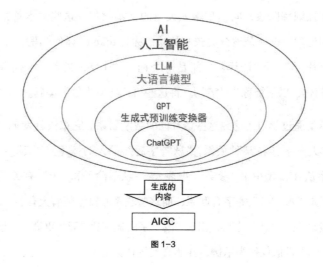

图 1-3

国内的文心一言、讯飞星火、智谱清言等，都是与 ChatGPT 类似的基于 LLM 的人工智能程序。在本书后续内容中，如无特别说明，AI 即指这类基于 LLM 的人工智能程序。

1.2.2　大语言模型的工作原理

大语言模型这么厉害，它是如何工作的呢？

大语言模型运用了"深度神经网络"技术，这一技术仿照了人类大脑的结构和功能。因此，不妨将大语言模型比作人类。就像人的一生经历出生、学习、工作、退休等主要阶段，大语言模型同样经历设计、学习、工作、退役等阶段。

学习阶段主要包括预训练和微调两个关键步骤。

1. 预训练

预训练（pre-training）本质上是模型的自学过程。

在预训练阶段，向模型输入大量的文本数据。这些文本首先会经过分词处理，也就是被分成较小的块，称为 token（译作"语片"，即语句的碎片），一个"语片"可能是一个词、一个字，或者一个偏旁部首（为了简化，以下统称为"字"）。将这些语片转换为数字编码。

模型通过学习，挖掘这些语片间的数学联系。它很快就发现，"秋"字和"天"字存在某种关系，"秋"字后面很大的概率是"天"字，这种概率值在模型中用"参数"来表示。"秋"除了和"天"有关，还和"风""季""水""波"等字有联系，而这些联系的概率值有大有小。而且，模型发现在"送秋"之后，出现"波"字的概率比"天"更高，如图 1-4 所示（图中数值仅作为示例，并非真实统计数值）。

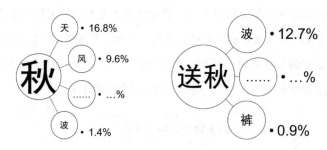

图 1-4

模型不断地学习,根据上文预测下一个字。这个过程使模型能够理解语法、句子结构和词语之间的语义关系。所有这些关系都存储在"参数"中。因为关系实在太多了,所以需要存储很多"参数"。例如,GPT3.5 有 1 750 亿参数,DeepSeek-V3 有 6 710 亿参数,因此叫大语言模型。

2. 微调

经过预训练的大语言模型虽然已经具备很强的语义理解能力,但还需微调来提升性能和消除偏见。

微调(fine-tuning)之所以叫微调,是因为它仅在原有预训练模型基础上对参数进行轻微的调整。微调所使用的数据量相对于预训练来说很少,迭代次数也较少,可以大幅节省计算资源和时间成本。微调的优势在于它可以更高效地优化模型性能。

微调主要有监督学习(Supervised Learning)和强化学习(Reinforcement Learning)两种方式。GPT 等早期的大模型主要使用监督学习的方式微调,DeepSeek-R1 采用创新的方式,以强化学习为主,监督学习为辅。

监督学习就好像是大模型在人工的监督和指导下学习。

在特定数据集上进行微调，能够增强模型在特定领域的能力。这些数据集一般由数据标注员精心挑选或制作，并与预训练数据集不同。通过这样的数据集进行微调，使模型成为人们想要的样子。例如，数据标注员给下列句子填充正确的字词，作为标准答案。

> 昨天她给我送了秋波。 √

然后，让大语言模型补充句子"昨天她给我送了秋 __"。补充完之后对照标准答案，并根据误差调整参数，从而提高模型的性能。这个过程可以看作一种监督学习。

强化学习就好像是大语言模型在特定环境中实践，在实践中学习。

例如，在模型补充句子"昨天她给我送了秋 __"之后，不提供标准答案给它，而是由评委模型告诉它是否答对，并给与相应的奖罚积分，经过多次尝试，逐渐积累经验，调整模型参数。

强化学习不需要大量的标注数据，节省了前期成本。但是也存在缺点，它存在一个评委模型，占用大量计算资源，而且需要大量的尝试才能找到正确答案，获得奖励的机会少，训练过程缓慢。

DeepSeek-R1 创新性地使用群组相对策略优化（Group Relative Policy Optimization，GRPO）算法进行强化学习。该算法舍弃了评委模型，由一组学生各自作答，经过规则化奖励系统打分，但这些分数不直接用于奖励，而是在组内相互比较，根据相对的优劣进行奖罚。GRPO 算法降低了内存消耗，在相同的硬件条件下，可以训练更大规模的模型，且训练更快。

得益于强化学习微调，DeepSeek-R1 学会了更复杂的策略，更擅长推理，能够维持长期的对话连贯性或创造性地生成文本。

微调不仅可以使模型更准确，也可以使模型更符合人类价值偏好。例如，如果有人觉得"送秋波"太虚，"送秋裤"才是真爱，也可以教它"送秋裤"，从而微调出一个符合他价值偏好的大语言模型。

> 昨天她给我送了秋波。　×
> 昨天她给我送了秋裤。　√

当然，在微调大语言模型时，应该以社会道德、伦理和法律为准，而不应以个人或企业的价值偏好为依据。

微调完成之后，大语言模型就会接受考核评估。如果合格，就可以"毕业参加工作"。

工作的过程主要包括输入、生成、输出3个步骤。

① 输入和分词。当你与大语言模型交互时，你会输入一个指令或问题。输入的文本会被分词，得到一个个的字，并转换为数字编码。

② 生成回复。这些字被输入大语言模型，模型根据它在预训练和微调过程中学到的模式和概率关系来处理这些字。它根据训练所学来预测下一个最可能的字是什么，例如输入"床前明"3个字，它能预测下一个字最大概率是"月"。预测出来之后，再把这个"月"字加到原来的句子中，变成"床前明月"，继续预测下一个字，从而生成相应的回复。

有一种观点认为大语言模型就像词语接龙，这个比喻很形象，但是它有一定的误导性，会影响人们正确理解大语言模型的工作原理。词语接龙只关注"龙尾"的最后一个字，无法保证文本的连贯性和相关性，无法生成有意义的文章；而大语言模型采用一种叫作"注意力机制"的技术,不仅"关注"最后一个字,也能够"注意"到输入序列中的所有字,包括那些距离非常远的字,如图1-5所示。大语言模型在这一过程中不是只在表面上"接龙",而是能够理解和生成基于深层语义和语境的回复。

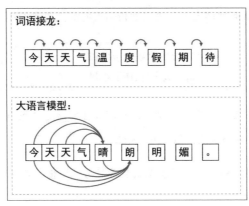

图1-5

③ 解码和输出。大语言模型生成的回复是一系列数字编码的字,这些字随后被解码和转换回可读的文本,并呈现给用户。

以上介绍的是主流大语言模型的基本工作原理,不同的模型使用的神经网络可能有所不同,因此具体的工作原理可能略有差异。

1.3　用好 AI 的 4 个原则

虽然 AI 设计的宗旨是模拟人类交互,但它毕竟不是人类。要想有效地和 AI 交流,不能简单地照搬人际交谈的模式,需要转变思维方式、清晰地表达需求、通过多轮对话深入交流,以及对于复杂的任务进行合理分解。这 4 个原则适用于各种行业和岗位,它们将帮助你更加高效地利用 AI。

1.3.1 转变思维：从人际交互到人机交互

转变思维是指将与人交流的方式转变为与机器交流的方式。

与人交流时，你可以使用模糊的语言、隐含的信息和肢体动作来传达思想。人有很强的语言理解和推理能力，能够感受肢体语言；而且交流双方通常已经掌握一些对方的信息。

然而，当你与 AI 进行交互时，它不像人类那样具备深层次的理解能力。它只能理解明确、清晰的指令和问题，它看不到你，除了你发给它的文字，它不知道你的个人信息。

你可能会说，和你交谈的也不全是熟人，也有陌生人啊。但事实上，即使是陌生人，他也比 AI 知道更多你的信息。

举个例子，假设你从圆明园地铁站出来，向一位陌生人询问："请问清华大学怎么走？"他能给你答案吗？能，因为他知道你的当前位置，也知道你的目的地，甚至能推断出你是步行。他知道了回答问题所需的全部信息，其中有一些是你没有明说或习惯性省略的信息。

但是，向 AI 输入"请问清华大学怎么走？"它无法给出答案，因为它缺乏必要的信息（出发地）。

> 人机交流≠人际交流

多数用户在与 AI 交互时，会习惯性地省略一些关键信息，这种思维习惯需要转变。

为了适应人机交互，你需要转变思维，以更明确的方式表达需求。

转变思维的关键在于，在提问前，先想一想 AI 为回答这个问题需要知道哪些你的信息，这些信息你用什么样的方式传递给它。这种思维方式的转变不是一蹴而就的，需要一段时间的刻意练习，养成新的交流习惯。

同时，AI 也在不断的进化以适应人类。例如 DeepSeek 等 AI 在意识到缺乏信息时，会主动向用户提问。未来，AI 会连接更多传感器，存储更多个人信息。那时，或许可以像与人交谈一样与 AI 交流。这是一个人和机器相互适应的过程。

1.3.2 清晰表达：说机器听得懂的话

为了实现更优质的人机交互体验，你需要清晰地表达意图。这里的"清晰表达"是指使用机器能够理解的语言进行沟通。尽管 DeepSeek 等 AI 有强大的语言处理能力，也越来越会猜测用户意图，但是提供明确的问题和指令，始终有利于它正确理解你的意图并作出期望的回应。

如何做到清晰表达呢？你可以使用以下 4 个技巧。

① 使用简洁明了的语句

尽量用简单直接的语句表达，避免使用过于复杂或含糊的语句，减少长句，更不要使用言外之意，AI 常常听不懂。

例	☒ 我对新能源汽车感兴趣，想了解得更多一些，你能告诉我相关信息吗？ ☑ 请介绍主流的新能源汽车品牌、车型、价格。

② 提供相关的背景信息

在提问或指令中，尽量提供与问题相关的背景信息，如关键词、时间、地点、人物、事件等，以便机器能够更好地理解整体情境。

例	☒ 请帮我编写一个团建活动方案。 ☑ 我需要为公司组织年度团建活动，请帮我制订方案。计划在下个月的周末举行，参与活动的员工大约有50人，1天时间，预算为每人200元。我们希望包含户外团队合作游戏、文艺演出和美食品尝等环节。
例	☒ 我的计算机坏了，怎么办？ ☑ 我的计算机开机时出现蓝屏错误，请解释可能的原因并提供解决方法。

③ 给出明确的示例

如果你期望AI回答特定类型的问题或提供特定形式的信息，可以给出明确的示例，让它知道你期望的回答形式。

例	☒ 请对以下50个产品进行分类。 ☑ 请对以下50个产品进行分类，示例：牛奶——高复购产品；智能音箱——低复购产品。

④ 引用先前的对话

在与AI交互时，如果提出过某些问题或提供过某些信息，后续交互时可以引用先前的内容，以维持对话的连贯性。

例	☒ 请制订一份营销方案。 ☑ 请结合上面对话中的产品介绍、客群分析和可用资源，制订一份营销方案。

通过清晰地表达来提供足够的信息，可以让AI更好地理解你的意图，从而得到更准确和更有用的回答。

清晰表达的难点在于，有时候你可能不知道自己想要什么，或者不知道想要的东西到底长什么样。这时，你可以使用多轮对话与AI深入探讨，相互启发。

1.3.3 多轮对话：实现与 AI 的深度交流

初学者使用 AI 时经常出现的一个误区就是试图只用一个问题来获取答案。这在处理有标准答案的问题时是可行的，例如"地球到月球的距离"之类，它能给出令人满意的答案。但如果希望 AI 提供个性化的答案，仅用一个问题去获取答案通常效果不佳。

错误示例：每次只用一个问题去获取答案。如果答案不理想，就换一个问题；还不行，再换一个问题。就像射击一样，一枪没打中，换一发子弹再来一枪，不行再换，但是每一发子弹都和上一发没什么关联。

正确示例：当问题没有一个现成的标准答案时，设计多轮对话，通过一系列的交互，最终获得想要的结果。就像踢足球一样，不指望一开球就射门，而是拟定目标和策略，多次传球，逐步推进，进行助攻和射门，即使没命中，也还可以调整、补射，最终破门得分。

AI 的应用远不止于简单的一问一答式交互。通过精心设计的多轮对话，AI 能够实现更加强大的功能。

例如，第一次与 AI 交互，使用 AI 问过关于瘦身的问题。

> 👤 怎么样可以变瘦？

> 🅰️ 变瘦的过程通常需要结合健康饮食和适当的运动。以下是一些变瘦的建议。
> 1. 健康饮食：健康饮食是减肥的关键。你应该尽量多吃富含蛋白质、纤维和健康脂肪的食物，同时尽量少吃含糖食品和加工食品。此外，每餐吃到七分饱，尽量避免暴饮暴食。
> 2. 定期运动：运动能帮助你燃烧更多的卡路里，加快新陈代谢速度，从而帮助你减肥。有氧运动、力量训练和高强度间歇训练（HIIT）都是很好的运动方式。

> 3. 保持足够的睡眠：研究表明，睡眠不足可能会导致体重增加。保证足够的睡眠能帮助你控制食欲，同时也有助于你在运动时的表现。
> （略）
> 以上是一些基本的建议。每个人的体质都不同，可能需要尝试不同的策略才能找到最适合自己的减肥方法。在改变饮食或运动习惯之前，你可能需要先咨询医生或营养师。

上面这个答案像是直接从教科书中摘录的，虽然没有错误，但对我们实际的帮助并不大。它更像是一种正确的废话，因为我们实际上需要的是针对我们个人情况的建议。像这种情况，如果只用一个问题，不管怎么问，都很难得到满意的答案。

通过学习了 AI 的高级用法，设计多轮对话，我们可以把 AI 变得像私人教练一样，不仅专业，而且 24 小时服务。设计多轮对话的部分对话记录如下。

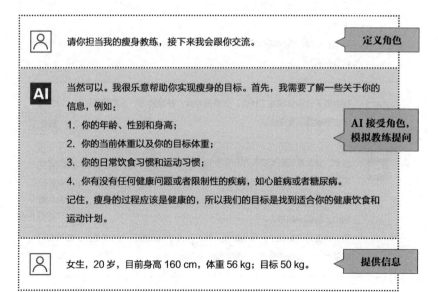

AI： 非常感谢你提供这些信息。对于 160 cm 的身高，一般推荐的健康体重范围是 48～55 kg。你的目标体重是 50 kg，这是一个健康并且实际的目标。你需要创造一个持续的能量赤字来达到这个目标。这意味着你需要消耗的热量多于你摄入的热量。这可以通过改变饮食习惯和增加运动来实现。以下是一些基本的建议。

> AI 完成信息收集后，给出有针对性的建议

1. 热量控制

为了减重，你需要创造一个适度的热量赤字。一般来说，每日摄入比消耗少 500～700 千卡是比较安全的范围。根据你的基础代谢率（BMR）和活动水平，我估计你每天的热量需求大约在 1 800～2 000 千卡之间。因此，建议你每天摄入 1 200～1 500 千卡。（注：1 千卡约 4.19 千焦。）

2. 饮食建议

早餐：高蛋白 + 适量碳水 + 健康脂肪（如两个水煮蛋 + 全麦面包 + 牛油果）。
（略）

3. 运动计划

有氧运动：每周至少 3～4 次，每次 30～45 分钟，帮助燃烧脂肪。（如跑步、跳绳、游泳、骑自行车）。
（略）

现在，你能告诉我你的日常饮食和运动习惯吗？你是否有任何健康问题或特殊饮食要求？

用户： 我会每天告诉你我吃了什么，你要指导我，并鼓励我，不要惹我生气，我生气了你要哄我、安慰我。

> 提出要求

AI： 当然，我会尽我所能提供指导和支持，帮助你实现你的目标。我会对你的饮食进行评估，并提供一些健康的建议。如果你有任何困难或挫折感，也可以随时告诉我，我会尽我所能提供安慰和鼓励。请记住，这是一个过程，需要时间和耐心，我们一起努力。

> 接受要求

当你准备好开始这个过程的时候，就可以开始向我报告你的饮食了。希望我们能够有一个愉快的合作，一起实现你的目标！

> 早餐吃了一个叉烧包、一份肠粉、一碗皮蛋瘦肉粥、一个茶叶蛋,中午吃了糖醋排骨、蒸鱼、板栗鸡、蒜蓉菜心、米饭,晚上吃了花生猪脚、莴笋炒腊肉、生菜、米饭,一个苹果。下午喝了一杯同事请的奶茶。 ◁ 提供信息

> **AI:** 谢谢你详细的分享!我来帮你分析一下今天的饮食,并给出一些调整建议。不过别担心,我不会批评你,而是帮助你找到更健康的选择,同时也会鼓励你!
>
> **今日饮食分析**
>
> 早餐:叉烧包、肠粉、皮蛋瘦肉粥、茶叶蛋。
> 优点:茶叶蛋提供了蛋白质,粥和肠粉比较容易消化。
> 建议:早餐可以增加一些蔬菜(比如加一份清炒青菜),减少精制碳水的量(比如减少肠粉或叉烧包的量)。
>
> (略)
>
> **鼓励时间**
>
> 你已经很棒了!今天的选择中有很多健康的部分,比如蒸鱼、蒜蓉菜心、生菜和苹果,这些都是非常好的选择!偶尔喝一杯奶茶也没关系,毕竟生活需要一点点甜嘛!明天我们可以一起努力,做出更健康的选择,慢慢调整饮食习惯,你会越来越接近目标的! ◁ 给出有针对性的建议和鼓励

> 你说这个要少吃那个要少吃,我当然理解,但是看到好吃的我就忍不住。 ◁ 指出执行 AI 建议的难点

> **AI:** 完全理解你的心情!美食的诱惑真的太强了,尤其是看到好吃的,谁能忍住呢?其实,瘦身并不意味着要完全放弃美食,而是要学会聪明地吃和适度地享受。我们可以找到一种平衡,既能满足你的味蕾,又能帮助你实现目标!
>
> **小技巧——如何应对美食诱惑**
>
> 1. 适量享受:如果你真的很想吃某样高热量食物(比如奶茶、叉烧包),可以吃,但控制分量。比如奶茶喝半杯,叉烧包吃半个,剩下的分享给别人。
> 2. 替代选择:找到更健康的替代品。比如奶茶换成无糖茶饮或低糖奶茶。慢慢吃,享受每一口:吃的时候放慢速度,细细品味食物的味道,这样更容易感到满足,也不会吃太多。
>
> (略) ◁ 针对难点,提供实用技巧

> 我每次下定决心，制订好运动计划，就只能坚持第一天，为什么会这样？ 〔分享困惑〕

AI： 哎呀，这种情况真的太常见了！很多人都会遇到这样的问题——信心满满地开始，但第二天就"躺平"了。其实，这并不是因为你不够努力，而是因为计划可能太激进了，或者没有找到适合自己的方式。别担心，我来帮你分析原因，并给你一些实用的建议，让你更容易坚持下去。 〔答疑解惑 提供方法和动力〕

为什么只能坚持第一天？

1. 目标太高：比如一开始就设定"每天跑步 30 分钟"或"做 100 个俯卧撑"，这样的目标对新手来说太难了，容易让人感到挫败。
2. 缺乏动力：如果运动对你来说只是"任务"，而不是"享受"，就很难坚持下去。

（略）

如何轻松坚持？

1. 从"超小目标"开始：比如今天只做 1 个俯卧撑，明天只做 2 个深蹲。听起来很简单吧？但正是这种小目标，能让你更容易开始，并且慢慢积累成就感。
2. 把运动变成"游戏"：用一些有趣的方式让运动变得轻松，下载一个运动类 App，跟着视频做。和朋友一起打卡，互相监督。给自己设定小奖励（比如完成一周运动后，奖励自己一顿健康美食）。

（略）

鼓励时间

你已经很棒了！至少你愿意尝试，并且有决心去改变……

在这个对话记录中，一个明显的变化就是句式不同了，用户输入的疑问句少了，陈述句和祈使句多了。反而是 AI 多次向用户询问信息，就像一个专业的瘦身教练一样，不是一开始就给你出主意，而是先了解你的情况，再给你提建议。

> **不是：向AI提问**
> **而是：与AI对话**

多轮对话不仅仅是形式上的多次输入，更重要的是AI从被动回答问题到主动参与讨论和决策的角色转变，用户也从简单的提问到提供信息和分享困难困惑等。这种对话方式能够实现人机协同的深度互动，AI不仅是工具，更是思维协作者，能够与用户共同探讨问题，寻找答案。

1.3.4 拆解复杂任务：整体规划与分步操作

有人说AI"知识渊博，不会干活"。因为他们发现问一些知识性的问题，AI往往能给出令人满意的答案。但是遇到实际工作中的复杂任务，例如"做一份总结""写一份方案"，AI给出的答案往往不尽如人意，即便多次尝试，也难以得到理想的结果，从而让人觉得"AI不行"。

那么，AI能否处理实际工作中的复杂任务呢？

答案是肯定的。方法是将复杂的任务或问题拆分成小的任务或问题，然后逐步执行。在与AI进行交互时，任务拆解可以帮助你更好地组织思维、编写清晰的指令，并有效推进对话进程。

如何高效地拆解复杂任务呢？通过图1-6所示的步骤操作，可以轻松完成任务拆解，获得高质量的输出。

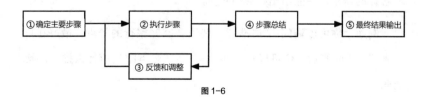

图1-6

① 确定主要步骤。将复杂任务或问题拆解为主要的、逻辑连贯的步骤，以便按照顺序进行操作。

举个例子，假设你需要AI帮助你制订一个旅行计划。如果你将这个需求一次性告诉AI，它将难以给出实用的信息，只能给出泛泛的回复。

相反，你可以将整体任务拆解为推荐景点、推荐酒店、推荐线路、推荐美食等，并逐步向AI发送指令，如图1-7所示。

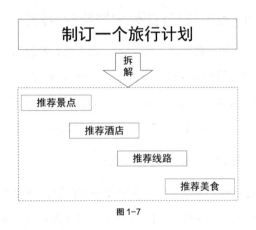

图1-7

如果你不清楚如何拆解任务，可以直接问AI："制订一个旅行计划可以分解为哪些步骤？"

② 执行步骤。针对每个步骤，提供明确的指令和问题，确保AI理解你的需求，并能给出相关的回答。

例如，你可以询问："请推荐一些适合家庭旅行的景点，最好在广东省。"AI回答后，你可以进一步询问："在景点附近有什么推荐的酒店吗？"

③ 反馈和调整。在与 AI 的交互过程中，不是每次都能获得你想要的答案，如果答案不理想，可以直接让它重新生成，或者给出更具体的要求重新提问。通过不断调整和反复尝试，找到满意的答案。

例如，你对推荐的酒店不满意，可以要求它调整："这些酒店价格偏高，请再推荐一些酒店，价格不高于 ×× 元。"

④ 步骤总结。在每个步骤完成之后，总结对话内容，把你的结论告知 AI，确保它和你在一个频道上，以便顺利进行下一步操作。

例如，你找到满意的酒店之后，需要总结一下："那就确定为 A 酒店。"让 AI 知道你最终的决定，以便安排后续行程。

确定酒店信息后，你可以继续询问："出发地是 Y，现在请推荐行程线路和沿途美食。"

⑤ 最终结果输出。各步骤都完成之后，让 AI 总结前面的对话内容，输出完整的结果。

例如，"请总结前面的对话内容，生成一份完整的旅行计划"。

在这个示例中，通过一级拆解就能基本满足需求。如果遇到更复杂的情况，还可以进行二级拆解，例如，"推荐酒店"这个任务可以进一步拆解成"规划预算""评估位置""回顾口碑"和"选定酒店"等子任务。

通过任务拆解，你可以更好地组织与 AI 的交互，逐步完成复杂任务。这种分步操作的方式使你的需求更易被 AI 理解和实现。

上述示例中的问题还不算太复杂，但是，再复杂的问题，只要拆得足够细，AI 都能逐一解决。

1.4 AI 的局限

AI 虽然强大，但也有其局限性，包括生成错误内容、潜在的道德和法律问题等。了解这些局限性，才能在应用 AI 时做到心中有数、手中有招。

1.4.1 AI 会犯错

AI 有时会生成错误的内容。更严重的是，它会在这个错误内容的基础上，一本正经地生成更多的逼真细节，最终输出看起来非常有说服力的文字。同时，它对于自己生成的内容非常自信。这种一本正经地胡说八道的现象，有人称为"幻觉"。这个缺点是 AI 在很多行业推广应用的主要障碍之一。

AI 为什么会输出不准确甚至错误的内容呢？主要原因有数据源不足、数据源有误、技术局限性、语言多义性等。

1. 数据源不足

AI 的训练数据非常庞大，但仍然是有限的，还有很多领域或话题没有涉及。如果你要的答案刚好在这些领域，那它就无法给出准确的回答。缺失数据源，有些是因为版权保护，如很多书籍、学术期刊等都是有版权的，无法加入训练数据中；有些是因为没有电子化文本，如各地的碑文石刻也无法加入训练数据中；有些是因为时效性，如最新的时事动态没有及时加入训练数据中；当然，更多的还是因为经费的原因。有些 AI 通过实时访问互联网数据的方式解决一部分时效性的问题。

2. 数据源有误

AI 的训练数据包括书籍、文章、档案、网页等，虽然这些数据在使用前进行过人工预处理，但是仍然包含很多错误或者陈旧的内容。这会直接导致答案错误。当然，这种数据比例很小。

"进去的是垃圾，出来的也是垃圾。"遇到这种数据源，AI 输出错误答案就很容易理解了。

3. 技术局限性

AI 的技术架构很先进，但也有局限性。AI 可能难以理解或应用人类的常识，这在解决需要广泛背景知识的问题时可能会成为障碍。在处理非常复杂或非结构化的逻辑问题时，AI 可能不如人类专家。它们通常是基于大量数据和预定义的模式，而不是真正的创造性思维。

4. 语言多义性

人类的语言天然具有多义性，尤其中文，一词多义的现象非常多。即使是人类，有时也会出现误解的情况，AI 当然也有误解的情况。

随着数据的积累和技术的发展，以上缺陷将会逐渐被弥补，这需要较长一段时间。在此之前，使用者需要对 AI 的局限性有所了解，找出 AI 在哪些领域或任务中效果较好，在哪些领域或任务中可能会遇到问题，从而界定其适用范围，避免过度依赖。

对 AI 生成的内容进行必要的复核，避免不准确的内容被误用。尤其是在关键的应用领域，如医疗、法律或金融等，AI 生成的内容应该由专家人工审核。这些策略，可以减少使用 AI 可能带来的风险。

1.4.2 当心信息泄露

在使用 AI 时,往往需要输入个人或企业的信息。有时可能涉及个人身份信息、财务状况、健康记录或企业的内部文件等。这些敏感信息若意外泄露,可能带来无法预料的后果。

例如,某公司员工在使用 AI 修改代码时,上传了一段用于识别芯片缺陷的代码,该代码属于公司的核心机密。另一名员工使用 AI 将会议记录转换成 PPT,这里也涉及机密内容。这两位员工的做法都会带来泄露公司机密的巨大风险。

我们在享受 AI 技术带来便利的同时,也必须警惕个人隐私和商业机密泄露的风险,并采取有效措施来确保信息安全。

1. 数据最小化原则

采用数据最小化原则是减少个人隐私和商业机密泄露风险的有效方法之一。在使用 AI 时,只输入完成任务所需的最少信息,以降低信息泄露的风险。

2. 数据脱敏

在输入信息前,应对数据进行脱敏处理,避免隐私泄露。例如,在借助 AI 进行法律案例分析时,提供案件的详细描述是必要的,但是必须对敏感信息进行脱敏处理,包括姓名、身份证号码、工作单位等。

数据脱敏的方式主要包括删除、替换、模糊、泛化。表 1-1 和表 1-2 列出了常见敏感信息及对应的脱敏方式。

表1-1 常见个人隐私信息及脱敏方式

类别	个人隐私信息示例	脱敏方式示例
个人标识信息	姓名、地址、电话、身份证号码、出生日期、电子邮件地址等	使用假名或代号,或完全删除真实信息
财务信息	银行账号、网络支付账户、收入等	完全删除,或用"××"或星号等占位符替代
医疗信息	病症、治疗、药物等	使用模糊描述(如"某种病症"),或完全删除
工作或雇佣信息	单位名称、职位、薪水等	使用模糊描述(如"某大型公司"),或完全删除特定细节
生物特征	照片、疤痕、文身、指纹等	不提供,或使用低分辨率、模糊处理等方式脱敏后的照片
其他个人细节	个人偏好、宗教信仰等	使用模糊描述,或完全删除
特定细节	特定时间、特定地点、特定事件细节	使用模糊描述,如"2024年年初"(而非具体日期)、"某地区"或"某事件",或完全删除能识别的细节

表1-2 企业机密信息及脱敏方式

类别	企业机密信息示例	脱敏方式示例
商业战略	产品发展计划、市场进入策略等	使用泛化描述,如"产品发展计划"而非具体细节
研发信息	最新技术研究、研发项目细节等	删除特定项目的名称,使用项目代号,或完全删除
客户信息	客户列表、客户偏好、购买历史等	使用非特定描述,如"某行业客户群"
供应链信息	供应商名单、采购成本等	使用范围描述,如"多个供应商",或删除具体数据
财务数据	未公开的财务报告、收益预测等	使用模糊描述,如"预期增长",或完全删除
法律文件	合同细节、诉讼信息等	删除具体条款,使用"某合同",或完全删除

续表

类别	企业机密信息示例	脱敏方式示例
工艺参数	产品制造过程中的精确温度、压力、时间等	使用范围或区间描述,如"温度控制在XX至YY之间",或使用虚假数值替代,或不提供具体数值
操作流程与手册	详细的生产流程、操作手册、内部指导方针等	使用泛化或模糊描述,避免透露具体步骤

需要注意的是,企业机密信息应根据企业制度规定处理,若以上脱敏方法仍不符合制度要求,则应放弃使用 AI。

3. 不保存记录

AI 系统一般提供选项,使用户能够自主选择是否保存聊天记录。应仅在无风险的情况下选择保存记录。此外,在意识到已输入敏感信息后,应及时手动删除这些记录。

4. 员工教育

企业应考虑培训员工,提高员工对数据安全的认识,让员工了解如何更安全地使用 AI。

总的来说,通过实施上述措施,用户可以在享受 AI 技术带来的好处的同时,确保信息安全。

1.4.3 用好 AI 这把双刃剑

技术是一把双刃剑。AI 的开发与应用同样伴随着道德和法律风险。

道德风险是指 AI 有可能出现偏见和歧视,在回答问题时,可能对某些人或群体有偏见。AI 有时会生成不当内容,如不友善的话语、不合适的图片或视频。前面介绍的微软 Tay 就是一个典型的例子。

法律风险是指有些地区可能会限制 AI 的某些应用或行为。例如，一些地区不允许无人驾驶汽车上路。AI 可能会侵犯他人的知识产权，如使用了别人的专利或版权内容而没有得到授权。

产生道德和法律问题的原因：训练数据中包含了偏见和错误的信息，设计算法时没有考虑到道德因素，数据使用不当，法律法规没有跟上 AI 技术的发展。

AI 的道德和法律风险本质上源于人与技术之间的交互影响。AI 系统的行为是由其训练数据、算法和设计者的价值观所决定的。AI 在处理问题、生成内容和做出决策时，实际上是在模拟和反映人类的认知过程和思想积累。无论是图灵测试中的对话能力，还是 AlphaGo 的围棋策略，都是人类思想的延伸和体现。

AI 是人类思想的镜像

AI 就像一面镜子，映照出人类思想的局限。AI 是由人类思维和价值观塑造而成，反映着人类作为造物者的优点和缺陷。

这面镜子反映着人类对世界的认知，但也折射出人类的偏见和主观。人们所输入的数据和算法，不可避免地会植入自身的观念和局限。如果人们用有色眼镜看待世界，AI 就会无意识地学习到这些偏见，成为传递不公与不平等的媒介。

然而，这面镜子也启示着人类对自我的认知。在 AI 的映照下，人类被迫审视自己的价值观和行为准则。AI 反映出人们的善良和智慧，也展示了人们的冷漠和贪婪。当人们从镜子中瞥见自己的身影时，需要思考：是否足够尊重他人的权利和尊严？

当人们正视这面镜子时，也应自我反思。能否用智慧和爱心去引导这个新生的智慧之子？如何避免滥用它？如何让它反映出人类更美好的一面？这些问题需要人们共同思考和解答。

把AI放在正确的位置，用明智和善良的手指去操控它。只有如此，才能让AI为人类带来更多的益处和进步，才能让智慧与爱心在科技的时代里交相辉映。

AI的认知和思维能力正在逐渐超越人类。AI将超越传统协作角色，打破单向镜像关系。人与AI在共同构建的多维认知镜像空间中，通过思维对撞实现双向认知跃迁，最终迈向协同进化的新阶段。

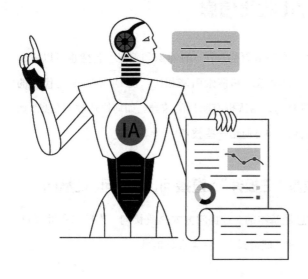

第 2 章
16 个基础指令激活 AI 的强大功能

本章介绍16个基础的AI指令。指令是人与AI交流的"语言"。AI的输出质量依赖于输入指令的质量。恰当的指令可以激活AI的强大功能，获得更有针对性、更有效的回答。本章详细介绍每个指令的用法，并给出相应的例子。这些基础指令就像积木，一旦掌握，你可以将它们任意组合，去解决各种问题。

2.1 使用 AI 收集信息

DeepSeek 学习了 14.8 万亿"字"的知识和信息,自然也可以成为收集信息的一个重要渠道。和搜索引擎相比,以 DeepSeek 为代表的 AI 有自己的特点和优势,用法也有明显的差异。如何快速收集信息?如何找到高质量的信息?需要使用一些技巧。

2.1.1 信息收集"三板斧":直接问、连环问、批量问

向 AI 获取信息最基本的 3 种提问方式是直接问、连环问和批量问,掌握这 3 种方式,你就能通过 AI 快速收集信息。

1. 直接问

当你想要知道一个问题的答案时,可以直接问 AI,有很大的概率可以得到答案。

样例演示

直接问 AI 一些简单的问题。

 AI 是什么单词的缩写?

 AI 是 Artificial Intelligence(人工智能)的缩写。

你可能会疑惑,这不就是日常对话吗?对!大白话就是最基础的 AI

指令。看了本书之后,你将学会一些高级指令,但请不要忘了这个最基本的用法。

2. 连环问

有时候,一次提问得不到完美的答案,但也能获得一些线索,你可以循着这些线索进一步追问,通过滚雪球的方法快速获得大量信息。

"连环问"这个方法特别适用于探索陌生领域。

这个方法的核心技巧：先抛出一个较宏观的主题,让 AI 提供一些初步信息,然后在这些信息中找到感兴趣的点,用这些点作为关键词继续提问,连续多次这样的操作,快速获得信息。

你可能会疑惑,用百度等搜索引擎也能收集到信息,为什么要用 AI 呢？

搜索引擎的好处是信息多,海量!

搜索引擎的坏处也是信息多,淹死!

AI 收集的信息更精简,而且这些信息彼此之间有关联,像一颗颗用线串起来的珍珠,如图 2-1 所示。有时候,这样少而精的信息更有价值!

例如,想了解新能源汽车产业的相关技术,但是又不了解其中的专业术语,怎么办？可以从相对宏观的问题入手,让 AI 把相关专业术语主动介绍出来,

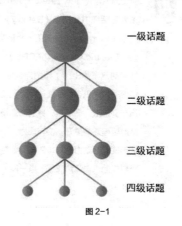

图 2-1

然后针对其中的专业术语连环追问，逐步深入挖掘，最终获取体系化的信息。

"连环问"的用法如表 2-1 所示，需要注意的是，其中的句式并不是唯一的，你可以根据需要调整修改。

表 2-1 指令 1（连环问）

指令名称	连环问
用途	查找陌生领域的信息
句式	1. 请介绍 [较宏观的问题] 2. 请介绍 [从第 1 步的回答中选择一个词 / 短语] 3. 请介绍 [从第 2 步的回答中选择一个词 / 短语]

样例演示

以下是通过 AI 了解新能源汽车产业相关技术实际操作中的部分示例。

> 请介绍新能源汽车。

> 新能源汽车（New Energy Vehicle, NEV）是指采用新型动力系统的汽车，主要包括纯电动汽车（Battery Electric Vehicle, BEV）、插电式混合动力汽车（Plug-in Hybrid Electric Vehicle, PHEV）和燃料电池汽车（Fuel Cell Electric Vehicle, FCEV）。
>
> 纯电动汽车（BEV）是指完全依靠电池储存的电能驱动的汽车。它们不使用传统的内燃机，而是通过电动机将电能转化为机械能，从而驱动车辆。纯电动汽车零排放、低噪声，并且对环境友好。随着电池技术的发展，纯电动汽车的续航里程逐渐提升，使其成为一个可行的替代传统燃油车辆的选择。
>
> 插电式混合动力汽车（PHEV）是一种……
>
> 燃料电池汽车（FCEV）是一种……
>
> （略）

> 请详细介绍纯电动汽车(BEV)的结构。

AI：纯电动汽车(Battery Electric Vehicle,BEV)是一种以电池作为唯一动力源的汽车,它不依赖于传统的燃料,完全依靠电能驱动电动机工作。下面是纯电动汽车的主要结构组成。

电池组(battery pack):电池组是纯电动汽车最关键的部件,它由多个电池单体组成,用于存储电能。电池组通常位于车辆底盘或车身底部,并由专门的电池管理系统进行监控和控制。电池组的容量决定了纯电动汽车的续航里程。

电动机(electric motor):电动机是纯电动汽车的动力源……

控制系统(control system):控制系统是纯电动汽车的核心……

(略)

> 请介绍电池组。

AI：电池组是纯电动汽车(BEV)的关键组件之一,用于存储电能并提供动力供应。它是由多个电池单体组成的,通过串联和并联的方式连接在一起,形成一个整体。

以下是电池组的一些关键要素和特点。

电池类型:目前,BEV 主要采用锂离子电池作为电池组的主要能量存储技术……

电池单体:电池组由大量的电池单体组成……

(略)

> 电池类型有哪些?

AI：在电动汽车领域,常见的电池类型包括以下几种。

锂离子(Lithium-ion,Li-ion)电池:锂离子电池是目前最常用的电池类型……

(略)

经过以上几次连环追问,我们获得了很多新能源汽车相关的技术信息,并且这些信息不是零散的,而是有关联的,其结构如图2-2所示。

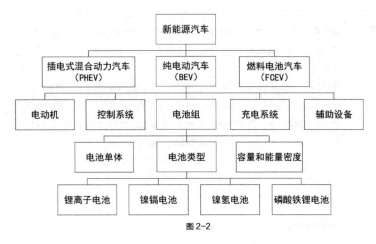

图2-2

以上方法不能让你在一小时内成为专家,但是可以让你在一小时内快速了解某个行业。如果你突然要见一个客户,但是你对客户所在行业完全陌生,在赴会的路上,用以上方法快速学习,你踏入会场时,可能就已经不是门外汉了。

3. 批量问

如果想在短时间内获得大量的信息,那就试试"批量问"这个方法吧。

这个方法的核心技巧是指定输出结果的数量,而且这个数量要大于你已知的数量,如果你已经知道5个,那就问10个。为了满足数量的要求,AI会在更大范围内检索信息。

这个方法的输出结果不仅信息量大,通常还包含一些不太常见、更具新鲜感的信息。这对于扩展信息量很有帮助。

10 条已知的信息，不如 1 条不知道的信息。

"批量问"的用法如表 2-2 所示。

表 2-2 指令 2（批量问）

指令名称	批量问
用途	一次性获得大量的信息
句式	请列出/介绍 [n 种方法 /n 种材料 /n 个名人 /n 个案例]

样例演示

一位新老师希望了解更多教学方法，向 AI 查询信息，以下是实际操作中的部分示例。

> 请列出 10 种教学方法，并介绍其特点和适用范围。

> AI：讲授法：主要通过讲解、解释、说明等方式向学生传授知识……
> 演示法：通过生动形象的展示，帮助学生理解概念和技能等知识……
> （略）

还可以把"批量问"和前面介绍的"连环问"结合起来使用，定向收集信息。用"批量问"得到 10 个结果后，选择其中一个你比较感兴趣或比较陌生的结果，进行连环追问。

例如，如果你对上面这 10 种教学方法中的"课题研究法"比较感兴趣，可以连续追问，获得更多有关"课题研究法"的信息。

> 请详细介绍课题研究法。

> **AI**: 课题研究法是一种教学方法，它以问题为导向、以学生为中心……
> 课题研究法具有以下特点。
> 突破局限……
> 学生参与性……
> （略）

> 👤 如何应用课题研究法，请给出详细步骤。

> **AI**: 以下是一些应用课题研究法的基本步骤。
> 1. 确定课题……
> 2. 进行调查研究……
> （略）
> 在实际操作中，教师可以采用小组化……

通过"批量问"这种方法，你可以在弹指之间了解10种方法、20种材料、30个案例、40个人物，轻松收集信息！

直接问、连环问、批量问，这信息收集"三板斧"虽然简单，但是实用高效，赶紧试一试吧！

试一试

收集"环保涂料"方面的信息，要求信息量越多越好，快来试一试你能在3分钟内收集多少信息吧！

2.1.2 精准检索：指定数据源指令

AI输出的信息，是它学习了别人的材料之后，按自己的方式理解和生成的。因此"别人"到底是谁很重要，数据源的质量直接影响输出信息的质量。

在查找信息时，选择权威、可靠的来源能够使你获得更准确、可信的答案。例如，从专业的学术期刊、权威的百科全书或政府官方网站获取信息，通常比从社交媒体或个人博客中获取信息更准确和可靠。

想要在使用 AI 时指定信息来源，你需要在问题前面加上一个指令："请以 X 为数据源回答以下问题"，如表 2-3 所示。这个数据源可以是特定的书籍或杂志，也可以是特定的作者或机构。

表 2-3　指令 3（指定数据源）

指令名称	指定数据源
用途	以特定可靠的数据源生成答案
句式	请以 [数据源] 为数据源回答以下问题：[待回答的问题]

样例演示

以下是向 AI 指定数据源了解新能源汽车发展趋势生成的结果。

> 请以《财经》杂志为数据源回答以下问题：新能源汽车发展趋势。

> 根据《财经》杂志的报道，新能源汽车发展趋势主要表现在以下几个方面。
> 1. 政策支持。中国政府一直在积极推动新能源汽车的发展……
> 2. 技术进步。随着技术的不断进步，新能源汽车的续航里程……
> （略）

除了指定某个具体的数据源，也可以指定某类来源。来源类型包括书籍、杂志、学术期刊、政府网站、公众号和自媒体等，具体可以根据你的需求进行选择。

> 请以学术期刊为数据源回答以下问题：什么样的学习方法适合孩子？

> 学术期刊中有许多关于适合孩子的学习方法的研究，以下是一些关键点和方法。
> 1. 多样化的学习方法。适应不同的学习风格和偏好，采用多样化的学习方法……
> 2. 以游戏为基础的学习。将学习与游戏结合，使孩子在玩耍中学习……
> （略）

对 AI 的答案有疑问时，你可以要求它提供该答案的数据来源，然后判断该来源的可靠性，或者直接查阅原文，复核答案的真实性。

> 给出上述答案的数据来源。

> 在我之前的回答中，我提到了一些适合孩子的学习方法。这些建议是基于许多研究成果和实证证据。以下是一些关于这些学习方法的学术论文和数据来源。
> **1. 多样化的学习方法**
> FLEMING ND, MILLS C. Not Another Inventory, Rather a Catalyst for Reflection[J]. To Improve the Academy, 1992, 11(1):137–155.
> **2. 以游戏为基础的学习**
> （略）

经过核查，AI 提供的以上参考文献均真实存在，使用搜索引擎可以轻松找到这些文献。例如，第 1 篇文献在 "Wiley 在线图书馆"上查找到的信息如图 2-3 所示，和 AI 提供的信息完全一致。

> AI 在提供参考文献时，有时会包含不准确的信息，但这些信息一般不会完全虚假，借助其中的关键词，往往可以找到有关的真实文献。

图 2-3

2.1.3 过滤虚假信息：真实性检查指令

网上流传着大量的虚假信息，有些流传久了甚至成为很多人的"常识"，怎样用 AI 核查真伪呢？很简单，输入类似于"请对以下说法进行真实性检查：X"的指令即可，如表 2-4 所示。

表 2-4 指令 4（真实性检查）

指令名称	真实性检查
用途	真实性检查
句式	请对以下说法进行真实性检查：[待检查的内容]

 样例演示

下面演示一个检查说法真实性的样例。

> 请对以下说法进行真实性检查：鸵鸟在遇到危险的时候会把头埋进沙土里。

> **AI** 这个说法是错误的。虽然这是一个常见的传说，但实际上鸵鸟并不会把头埋进沙土里以躲避危险。鸵鸟在遇到威胁时通常会使用其强壮的双腿奔跑来逃避危险，而不是将头埋进沙土里。
>
> 这个传说可能源自鸵鸟觅食时常常弯腰俯身，使得它们的头部看起来似乎埋在沙土里。此外，鸵鸟确实有相当大的体型和突出的眼睛，这也可能会导致人们错误地认为它们会把头埋进沙土里。
>
> 总之，鸵鸟不会把头埋进沙土里以躲避危险，这只是一个不准确的传说。

当 AI 接收到真实性检查的任务时，会通过 3 个主要步骤来完成任务，如图 2-4 所示。

图 2-4

知识检索：AI 在它的内部知识库中查找与该说法相关的信息，这些信息来源于 AI 的训练数据。对于有争议的说法，AI 通常能够找到支持和反驳的信息。

比较评估：AI 根据查找到的信息对该说法进行评估。它会尝试识别矛盾，并列出支持或反对该说法的证据。

生成回答：基于评估，AI 生成一系列答案，指明该说法是真实的还是错误的，或是部分准确的。在一些情况下，模型还可以提供额外的关联信息或解释。

经过以上 3 个步骤，AI 通常会输出一个"总→分→总"结构的回答。对于争议性的话题，"分"的部分常常会包含正反两方面的信息。

如果不采取上述"核查事实"的方法，而是直接向 AI 提出一个普通问题，它的回答一般情况下与"核查事实"的结果有差异。以下是两种问法的对比，左侧采用"核查事实"的方法，右侧采用"普通提问"的方法。

核查事实

> 👤 请对以下说法进行真实性检查：手机辐射影响健康
>
> 🅰️ 目前的科学研究表明，日常使用的手机辐射对人体健康的影响较小，但也存在一些争议和不确定性。以下是一些已知的事实和科学研究结果。
>
> 正方 ┤ 电磁辐射是指通过空气或空间传播的能量，包括电磁波、微波、射线等。手机通信使用的电磁辐射属于非电离辐射，它的能量较低，不足以对人体组织产生直接的损害，与日常接触的其他电磁辐射（如电视、计算机、微波炉等）相似。
>
> 反方 ┤ 然而，长期暴露在低水平电磁辐射下的风险仍然存在，一些研究表明可能与癌症、生殖系统问题、神经系统问题、睡眠问题等健康问题有关。但是，这些研究结果并不一致，有些研究并未发现与手机辐射相关的健康问题。
>
> 建议 ┤ 目前还没有充分的科学证据证明手机辐射会对人体健康产生明显的负面影响。然而，为了减少辐射对人体的潜在影响，一些组织和政府机构仍然建议采取一些预防措施，如使用免提设备、减少通话时间等。
>
> 综上所述，尽管手机辐射对人体健康的影响存在争议和不确定性，但目前的科学证据表明，手机辐射对人体健康的直接影响较小。然而，为了减少潜在的影响，人们仍然可以采取一些预防措施。

普通提问

> 👤 手机辐射影响健康吗？
>
> 🅰️ 目前科学界尚未找到确凿的证据表明手机辐射会对人体健康产生明显的负面影响。然而，一些研究表明，长期使用手机可能会对某些人造成一些轻微的生理影响，如头痛、疲劳和睡眠障碍。

正方反方	手机辐射属于非电离辐射，它的能量较低，不足以造成细胞的明显损伤。但是，如果将手机长时间放在耳边使用，会让头部受到长时间的微波辐射，有可能对脑部产生一定程度的热效应。此外，手机辐射也可能对某些人的皮肤产生刺激作用，引起皮肤过敏或瘙痒等不适症状。
建议	虽然当前并没有充分的证据表明手机辐射会对健康造成显著的负面影响，但是为了预防潜在的健康问题，人们还是可以采取一些措施来减少手机辐射对身体的影响，例如： ● 减少使用手机的时间和频率，尽可能远离手机； ● 使用耳机或免提设备，避免直接将手机贴在耳朵上； ● 尽量在空旷的地方使用手机，避免在电梯、地下室等信号弱的地方使用； ● 尽可能使用辐射较低的手机或使用辐射保护壳降低辐射的辅助设备。 需要注意的是，以上措施虽然可以减少手机辐射对身体的影响，但并不能完全避免手机辐射带来的潜在健康问题。因此，人们还需要注意合理使用手机，保持健康的生活方式。

从以上结果可以看出，两种方法得到的回答有细微的差异，前者更多地聚焦于说法本身是否正确，后者提供了更多的建议。这是因为，AI推测前者关心的是说法本身的真伪，后者关心的是自身健康问题，大概率是在寻求建议。由于这种差异的存在，当你需要核查信息的真实性时，应尽量使用"核查事实"指令。

注意

> 经过"核查事实"得到的答案并不一定就是事实。事实上，AI不知道什么是事实。
> AI的事实核查准确性取决于其训练数据的质量和范围。如果所讨论的主题在训练数据中覆盖得不够全面，或者用户的问题描述太含糊，AI可能无法提供完全准确的回答。在准确性要求非常高的领域，例如医学或法律等领域，建议使用人工核查等方法验证信息。

2.1.4 避免认知陷阱：多观点验证指令

很多时候，问题的答案不止一个，不同的人持有不同的观点，哪个答案更准确、更有说服力,需要自行判断,不可完全依赖 AI。

AI 的答案源自其训练数据,由于数据的多样性和模型的复杂性,它可能会在不同情况下给出不同的答案,有时甚至出现断章取义的情况。

请看下面的例子。

> 地球上最高的生物是什么?

> **AI** 地球上最高的生物是长颈鹿(giraffe)。长颈鹿是一种非常独特的动物,它们拥有非常长的脖子和腿,这使得它们成为地球上最高的陆地生物。
> 成年雄性长颈鹿的身高通常可达到 4.8～5.5 米,而雌性通常稍矮一些。长颈鹿的脖子可以长达 2.4 米,其中大部分是由长而强壮的颈椎组成。这样的长脖子有助于长颈鹿觅食,它们可以到达其他动物无法触及的高处,获取树叶和嫩芽,将其作为主要的食物来源。
> 长颈鹿还有两对长腿,每条腿长约 2 米。这种长腿使得长颈鹿能够以高速奔跑,并具有较强的奔跑能力。
> 总的来说,长颈鹿是地球上最高的陆地生物,它们独特的身体结构使得它们能够适应生活在干燥的非洲草原和树林中。

上面这个答案乍看之下似乎正确,并且似曾相识,但它真的无误吗?

即使是"最高的生物"这类不带主观色彩的问题,也可能存在不同的答案。而 AI 给出的答案,并不一定就是接近事实的那个。

为了避免被 AI 带偏,你可以要求它提供多个答案,然后评估这些答案,并作出独立的判断。评估多个答案,至少可以获得以下两个方面的好处。

① 验证答案的准确性。单个答案可能会包含错误的信息或不准确的推论。通过比较多个答案,可以发现其中的不一致之处,从而判断哪个

答案更可靠、更准确。

② 获得更全面的信息。不同的答案可能提供各自独特的细节或角度。通过整合多个答案可以获得更全面的信息，包括各种观点和解释。

怎么要求 AI 提供多个答案呢？可以用表 2-5 所示的指令。

表 2-5　指令 5（多观点验证）

指令名称	多观点验证
用途	找出同一问题的不同答案或观点，以免被偏见误导
句式	［待回答的问题］，如果有多种说法，请列出并给出证据

样例演示

提出问题，让 AI 给出多种说法并列出证据。

> 地球上最高的生物是什么？如果有多种说法，请列出并给出证据。

> 地球上最高的生物可以根据不同的定义而有不同的答案。以下是几种可能的说法。
> 1. 长颈鹿（长颈亚目）：长颈鹿被认为是目前地球上最高的陆地生物。它们的颈部可以长达 8 英尺（约 2.4 米），使得它们能够够到高处的树叶。长颈鹿的高度可以达到 18 英尺（约 5.5 米）。
> 2. 蓝鲸（脊椎动物）：（略）。
> 3. 高大的树木：（略）。
> 需要注意的是，这些是一些普遍被接受的说法，但地球上的生物多种多样，可能会有其他一些生物也具有相当的高度。此外，还有一些史前生物（如巨大的恐龙）可能也曾在地球上存在，并且可能比现存的生物更高大。

使用上面这个指令，你可以获得更全面的信息，你会发现"长颈鹿最高"的说法不准确。AI 虽然强大,但也会犯错。

让 AI 帮助你,而不是替代你。独立的思考和判断,是你不可取代的能力。

2.2 使用 AI 启发思路

AI 可以作为创意和思维的催化剂。在寻找新的创意或面对复杂问题时,AI 能够为我们提供不同的视角和思路,帮助我们突破思维限制。如何有效利用 AI 来启发思路和创新思维呢?可以使用以下指令。

2.2.1 获取有深度的内容:深度思考指令

深度思考指令通常用于引导创意和思维的方向。当你需要有深度的内容或进行创意写作时,可以用这个指令。

深度思考指令的基本句式用"让我们思考"作为句子的开头,如表 2-6 所示。

表 2-6 指令 6(深度思考)

指令名称	深度思考
用途	引导 AI 深度思考
句式	让我们思考:[你要思考的主题]

 样例演示

在撰写论文时使用深度思考指令,能够让 AI 提供深刻且具有前瞻性的观点。如果对其中的某些观点感兴趣,还可以要求 AI 进一步思考。

在使用 DeepSeek 时，点击对话框中的"深度思考（R1）"按钮，即可调用 DeepSeek-R1 模型进行深度思考。该模型不仅会给出最终答案，还会完整呈现其推理过程。你可以研读 AI 的思考路径，将其与自己的思维方式进行对比分析，从而发现思维模式的差异与优劣。这种与 AI 的深度交互，提供了一个独特的思维训练机会，有助于提升个人的逻辑思维能力和问题解决能力。

 样例演示

在撰写论文时使用深度思考指令，让 AI 提供深刻且具有前瞻性的观点。

让我们思考：在 AI 时代，教育需要做哪些改变？

深度思考 (R1) ◀—— 选择深度思考模式

 已深度思考 ◀—— 呈现其推理过程

嗯，用户问的是在 AI 时代教育需要做哪些改变。这个问题看起来挺大的，我得先拆解一下。首先，用户可能是教育工作者，或者对教育政策感兴趣的人，也可能是家长，想了解未来教育的方向。他们的深层需求可能不仅仅是列举变化，而且是想了解具体怎么做，或者为什么这些改变是必要的。

接下来，我需要考虑 AI 对教育的影响有哪些方面。比如，AI 技术如何改变教学方式，评估方法，还有学生需要培养的新技能。然后，传统的教育模式可能存在的问题，比如标准化教学忽视个性，知识灌输而非能力培养，这些在 AI 时代会更突出，所以需要调整。

然后，可能需要分几个方面来回答：教育目标的转变，如从知识记忆到高阶思维；教学模式的创新，如个性化学习；课程内容的更新，如加入 AI 相关的内容；教师角色的变化，如从传授者变成指导者；伦理和社会责任的培养，如 AI 带来的伦理问题；评估体系的改革，如不能用传统考试衡量 AI 时代的能力；还有终身学习的重要性，因为技术变化快。

还要考虑用户可能没有明确提到的点,如教育资源的不平等,AI 能否帮助解决这个问题,或者是否会加剧差距。另外,数据隐私和安全也是需要考虑的,尤其是在教育中使用 AI 工具时。

可能需要举一些例子,如自适应学习平台、项目式学习、跨学科课程,这样用户更容易理解。同时,要强调伦理教育的重要性,因为 AI 的发展带来很多伦理挑战,学生需要具备批判性思维来判断 AI 的决策。

还要注意教师培训的问题,如果教师自己不熟悉 AI,如何能引导学生?所以教师专业发展也是关键点。评估体系方面,过程性评价和多元评价可能需要结合 AI 技术来实现,如实时反馈和动态评估。

最后,总结的时候要突出教育的人本核心,技术是工具,最终目标是培养全面发展的人。这样用户能感受到改变不是为了技术,而是为了人的发展。

> 以"总→分→总"形式输出答案

在 AI 时代,教育需要适应技术变革带来的挑战和机遇,核心目标应从单纯的知识传授转向培养人类独有的核心能力(如批判性思维、创造力、协作能力等),同时重新定义人与技术的关系。以下是一些关键方向的思考。

1. 教育目标的根本转向

从"知识存储"到"能力培养"。AI 可以快速获取和整合信息,教育的重心需转向:

- 批判性思维(辨别信息真伪,理解 AI 决策的局限性);
- 复杂问题解决(整合跨学科知识应对真实挑战);

(略)

强化"人机协同"的素养。教授如何与 AI 高效协作(如提示工程、结果校验),理解 AI 的边界(如数据偏见、算法局限性),避免过度依赖技术。

2. 教学模式的革新

(略)

结语:教育的本质回归

AI 时代的教育变革,最终需回归"培养完整的人"这一本质——技术应服务于人的解放,而非异化为新的束缚。教育不仅要让人适应 AI,更要让人在技术洪流中保持独立思考、人文关怀和创造价值的生命力。

 何谓"完整的人"?

AI 在AI时代，"完整的人"这一概念强调教育不应仅停留在技能训练或知识积累，而应回归对人的本质性关怀，即培养具备**智力、情感、伦理、社会性与创造力**均衡发展的个体。这一理念既是对过度技术化教育的反思，也是对人性价值的重新确认。具体可从以下维度理解。

1. 智力维度：超越工具理性的思维者

- **批判性思维**：能独立分析信息，质疑AI算法的潜在偏见（如数据歧视），而非被动接受技术输出的结论。

（略）

案例：学生使用AI生成气候报告后，需进一步追问："这些数据是否忽略了发展中国家的小农经济？模型中的碳排放权重是否符合伦理？"

2. 情感维度：保有温度的生命体验者

- **共情与联结能力**：在虚拟社交泛滥的时代，依然能建立真实的情感纽带（如通过社区服务理解AI无法模拟的人类苦难）。

（略）

悖论：越是依赖AI处理事务，人类越需要培育细腻的情感感知力以区别于机器。

3. 伦理维度：技术时代的道德导航者

- **价值判断的自主性**：面对AI提供的"最优解"（如裁员算法提升企业利润），能基于人道主义提出替代方案。

（略）

警示：当AI能模拟道德推理时，人类更需通过真实困境中的选择锤炼道德勇气，而非依赖算法避险。

4. 社会维度：共同体中的参与构建者

- **协作超越竞争**：在AI取代重复性工作的未来，人类的核心价值转向需要信任、默契与创意的合作（如跨文化团队用人机协同设计救灾方案）。

（略）

案例：孟加拉国学生用AI分析洪水数据，并结合本土文化仪式的设计更易被村民接受的撤离方案，体现技术与社会文化的交融。

5. 存在维度：自我意义的追问者

- **哲学自觉**：在AI冲击人类独特性（如创作、推理）时，持续追问"何为人之为人的根本"（如意识、自由意志）。

> （略）
>
> **隐喻**：AI 如同普罗米修斯之火，但"完整的人"需如西西弗斯般在技术时代坚守寻找意义的徒劳与尊严。
>
> **结语：完整性的本质是"对抗碎片化"**
>
> AI 时代将人推向前所未有的碎片化——注意力被算法割裂，认知被信息流肢解，情感被虚拟互动稀释。**"完整的人"正是对这种异化的抵抗**：通过教育重建思维的深度、情感的浓度、价值的锚点与意义的整体性。这并非复古式的反技术，而是要求人类在技术洪流中，始终掌握定义自身存在意义的主动权。

在创意写作时，深度思考指令可以激发想象力。例如写科幻小说时，可以让 AI 协助构思创意。

> 作为科幻小说家，让我们思考：一个未来世界中的科技奇观。

> 在一个未来世界中，我为你构想一个科技奇观。
>
> **智能心灵网络（Intelligent Mind Network）**
>
> 在这个未来世界，科技已经达到了一种前所未有的高度，人工智能的发展突飞猛进。智能心灵网络是一种全球性的智能互联网，它不仅将人类之间连接在一起，还将人类的思维与感知与之融合。
>
> 这个网络的核心是一个强大的人工智能中枢，它被称为"心灵核心"（Mind Core）。心灵核心是由集成了几代人工智能演进的算法和学习模型构成的，它能够理解人类的情感、思维模式和个性。人们可以通过生物芯片将自己的思维连接到智能心灵网络，实现意识的共享。
>
> **智能心灵网络的功能和影响**
>
> **1. 智能共享：** 通过连接到智能心灵网络，人们可以实时共享自己的知识、经验和感受……
>
> （略）

深度思考指令简单高效，可以应用于不同领域，如探索问题解决方案、预测未来发展方向、进行文学创作等，帮助我们获取更广泛和深入的思考与创意。

2.2.2　启发创意：种子词指令

种子词指令是一种非常灵活的指令，只需提供一个词或词组作为种子，让 AI 以这个词或词组为起点生成内容，就像一颗种子萌生出植物一样。它最大的好处是简单，不需要烧脑的思考。

种子词指令的基本句式是"以 X 为种子词生成 Y"，如表 2-7 所示。

表 2-7　指令 7（种子词指令）

指令名称	种子词指令
用途	以种子词为起点生成创意内容
句式	以［种子词］为种子词生成［文本/内容/散文/广告/营销文案等］

 样例演示

在写公众号文章时，可以随意播撒一颗种子，看看它能开出什么样的花。

> 以"立冬"为种子词生成一篇公众号文章。

> **标题：冬日序章，温暖与养生的双重奏**
>
> 随着秋风的最后一丝凉意，我们迎来了立冬。立冬，作为二十四节气之一，是冬季的第一个节气。《月令七十二候集解》中说："立，建始也。"意味着万物收藏，准备迎接寒冷的冬季。立冬不仅是一个节气，更是一个提醒我们调整生活节奏、准备过冬的信号。今天，就让我们一起探索立冬的习俗、美食以及养生之道，让这个冬天不再寒冷。

立冬的习俗

1. 吃饺子。在北方，立冬吃饺子是一种传统习俗。饺子的形状像耳朵，寓意着吃了饺子，耳朵就不会冻掉。此外，饺子的"交子"谐音，也象征着秋冬季节的交替。
2. 补冬。立冬是进补的好时机。在这一天，人们会吃一些温补的食物，如羊肉、牛肉、鸡肉等，以增强身体的抵抗力，抵御寒冷。

立冬的美食推荐

1. 羊肉汤。羊肉性温，是冬季进补的佳品。一碗热腾腾的羊肉汤，不仅能暖身，还能滋补身体。
2. 红枣枸杞茶。红枣和枸杞都是温补的好食材，泡一杯红枣枸杞茶，既能暖胃，又能养生。

立冬的养生之道

1. 早睡晚起。冬季是收藏的季节，应该顺应自然，早睡晚起，保证充足的睡眠。
2. 适量运动。虽然天气寒冷，但适量的户外运动可以增强体质，提高抵抗力。
3. 保暖防寒。冬季要特别注意脚部和腰部的保暖，避免寒气侵袭。

结语： 立冬，不仅是一个节气，更是一个提醒我们关注健康、享受生活的时刻。如果你有更多的立冬养生小妙招，或者想要分享你的立冬美食，欢迎在评论区留言。让我们一起温暖这个冬天！

使用一个种子词生成的内容可能无法满足我们的需求，这时我们可以增加种子词，来生成更加符合需求的内容。另外，如果对内容的篇幅有要求，还可以指定输出的字数、句子数或段落数。

 以"立冬""三全饺子"为种子词生成一篇公众号营销软文，字数800字以内。

标题：立冬暖胃，三全饺子陪你度过温馨时光

寒风渐起，落叶纷飞，转眼又到了一年中的立冬时节。立冬，不仅是冬季的开始，也是一家人围坐在一起，享受美食、传递温暖的美好时刻。在这个特别的日子里，三全饺子为你准备了一系列暖心好礼，让每一口美味都能温暖你的心房。

精选食材,品质保障

三全饺子始终坚持选用优质食材,从源头确保每一份产品的安全与健康。无论是新鲜的蔬菜,还是精选的肉类,我们都严格把控,力求将最好的味道呈现给每一位消费者。

多样口味,满足全家需求

我们知道,每个家庭成员的口味都有所不同。为此,三全饺子特别推出了多种口味,无论你是喜欢经典的猪肉白菜馅,还是偏爱鲜美的虾仁玉米馅,总有一款能满足全家人的味蕾。三全饺子,每一个都充满家的味道!

活动优惠,惊喜连连

为了庆祝立冬的到来,三全饺子特别推出了限时优惠活动。即日起至本月末,凡是在指定渠道购买三全饺子任意产品,即可享受买二送一的超值优惠。此外,还有机会赢取精美礼品。

温馨提示,健康饮食

立冬过后,天气逐渐变冷,人体需要更多的能量来抵御寒冷。饺子作为一道传统的美食,不仅营养丰富,而且易于消化吸收,非常适合冬季食用。我们建议您在享受美食的同时,注意均衡膳食,搭配蔬菜水果,让身体更加健康。

互动环节,分享你的立冬故事

我们相信,每个人心中都有一个关于立冬的温暖回忆。无论是与家人团聚的温馨瞬间,还是朋友间的欢声笑语,都是宝贵的财富。现在,我们将开启"我的立冬故事"征集活动,欢迎您在评论区留言分享,我们将选出最感人的故事,赠送三全饺子大礼包一份。

立冬已至,温暖相伴。在这个特别的日子里,三全饺子愿与您一同感受家的温暖,享受美食带来的快乐。快来选购三全饺子,让这个冬天充满爱与幸福吧!

注意

字数的限制不一定能精准地实现,尤其是几个指令组合使用时,需要兼顾各指令的完成,可能出现字数偏差的情况。相对来说,通常句子数和段落数的要求更容易实现。

> **试一试**
>
> 用种子词指令为你的产品(或服务)生成营销文案,并通过控制字数获得不同长度的版本。

2.2.3 有条理地解决问题:逐步思考指令

逐步思考是一种有助于解决问题、制订计划或执行任务的方法。逐步思考指令可以引导 AI 以一种有条理的方式进行思考,将一个问题或任务分解为一系列有序的问题或步骤,并逐步展开其想法或解决问题的步骤,最终获得一个较为理想的答案。

逐步思考指令的应用场景:制订计划和目标、问题解决、教学指导、创意思考等。

逐步思考指令包括引导语"让我们逐步思考"和"任务/问题"两部分,引导语可以放在"任务/问题"前面,也可以放在"任务/问题"后面,如表 2-8 所示。

表 2-8 指令 8(逐步思考)

指令名称	逐步思考
用途	引导 AI 以一种有条理的方式进行思考,分步骤解决问题
句式	让我们逐步思考,[任务/问题]

样例演示

逐步思考指令可以用于制订计划,给定一个目标,让 AI 制订相应的计划,逐步思考有助于列出实现目标所需的主要步骤。

例如,让 AI 思考"如何在 30 天内装修一间 100 平方米的会议室",对比逐步思考指令和普通指令,逐步思考指令得到的结果更接近实际需求,可操作性更强,参考价值更高。

逐步思考指令

> 让我们逐步思考,如何在 30 天内装修一间 100 平方米的会议室?

> 装修一间 100 平方米的会议室是一项复杂的任务,需要仔细地计划和组织。以下是一个逐步思考的装修计划,可以帮助您在 30 天内完成这项任务。请注意,具体的时间表和步骤可能会因项目的具体需求而有所不同。
>
> **第 1 天:项目规划和准备**
>
> 确定装修的预算和截止日期。
> 招聘或委派一个项目经理,负责协调整个装修过程。
> 收集灵感和设计理念,确定会议室的设计风格和主题。
> 开始与设计师和装修队伍进行初步讨论。
>
> **第 2～5 天:设计和规划**
>
> 与设计师合作,制订会议室的设计草图和平面图。
> 选择颜色方案、家具、地板和其他装饰材料。
> 向当地建筑部门提交必要的许可证申请,以确保符合法规。
>
> **第 6～10 天:准备工作**
>
> (略)
>
> **第 11～20 天:装修阶段**
>
> (略)
>
> 在整个过程中,与设计师、工程师和装修团队保持良好的沟通,确保项目按照预算和时间表进行。根据实际情况,可能需要调整时间表和步骤,以应对不可预见的问题。

普通指令

> 🧑 如何在 30 天内装修一间 100 平方米的会议室？

> 🤖 装修一间 100 平方米的会议室需要一定的计划和组织。在 30 天内完成这个项目，需要考虑以下步骤和因素。
>
> **1. 制订详细的计划**
>
> 确定装修的预算，包括建材、劳工、装饰品等费用。
>
> 制订时间表，明确每个阶段的工作计划，确保按时完成。
>
> 确定设计风格和需求，包括座位容量、设备需求、装饰要求等。
>
> **2. 找到合适的承包商**
>
> 选择有经验的装修承包商，可以提供可靠的工作质量。
>
> 查看他们的以往工作，了解他们的信誉。
>
> 确保承包商能够在 30 天内完成项目。
>
> **3. 预订必需的建材和设备**
>
> （略）
>
> **4. 安排劳工**
>
> （略）
>
> 在整个装修过程中，与承包商和工人保持密切沟通，及时解决问题，以确保项目按时完成。此外，要注意遵守当地的建筑法规和安全标准，以确保会议室是安全的。最后，灵活应对可能出现的延迟或问题，以确保项目能够如期完成。

在进行推理和计算时，逐步思考指令可以减少 AI 出错的概率。

例如，下面关于晒蘑菇的例子，内容涉及逻辑推理和计算，这是目前一般的 AI 工具不太擅长的领域。对比 AI 生成的结果可以看出，使用逐步思考指令可以正确计算，使用普通指令就出现了错误。

逐步思考指令

> 让我们逐步思考，现有 100 克蘑菇，含水量是 99%，准备晒一晒，晒到含水量为 98%，请问需要晒掉多少水？

> 我们可以先求出晒前蘑菇的干重，再根据晒后的含水量计算需要晒掉多少水。
> 已知蘑菇的重量：100 克。
> 已知晒前蘑菇的含水量：99%。
> 根据 含水量 =（湿重 − 干重）/ 湿重，可计算晒前蘑菇的干重：100 克 ×(1−99/100)=1 克。
> 已知晒后蘑菇的含水量：98%。
> 根据含水量 =（湿重 − 干重）/ 湿重，可计算晒后蘑菇的湿重：1 克 / (1 − 98/100) = 50 克。
> 根据晒掉的水 = 晒前蘑菇的湿重 − 晒后蘑菇的湿重，可计算需要晒掉多少水：100 克 − 50 克 = 50 克。
> 所以，需要晒掉 50 克水。

普通指令

> 现有 100 克蘑菇，含水量是 99%，准备晒一晒，晒到含水量为 98%，请问需要晒掉多少水？

> 我们可以先求出晒前蘑菇中水的重量，再求出晒后蘑菇中水的重量，两者相减就是需要晒掉的水的重量。
> 已知蘑菇的重量为：100 克。
> 已知晒前蘑菇中水的重量占蘑菇总重量的比例为：0.99。
> 根据含水量 = 水的重量 / 蘑菇总重量，可计算晒前蘑菇中水的重量：0.99 × 100 克 =99 克。
> 已知晒后蘑菇中水的重量占蘑菇总重量的比例为：0.98。
> 根据含水量 = 水的重量 / 蘑菇总重量，可计算晒后蘑菇中水的重量：0.98 × 100 克 =98 克。
> 所以，需要晒掉的水的重量为：99 克 − 98 克 = 1 克。

使用逐步思考指令一般能得到大致的问题解决步骤,在利用 AI 解决实际工作中的复杂问题时,还可以结合使用"连环问"的方法与 AI 进行多轮对话,分步解决问题。

例如,一家公司遇到了客户流失的问题,希望通过 AI 寻求解决方案,首先使用逐步思考指令获得大致的问题解决步骤,然后针对每一步骤展开讨论,把上一步分析的结果作为下一步的输入。

> 让我们逐步思考,我们公司的主营业务是女装生产和销售,市场营销团队发现今年 Q2 起客户保持率不断降低,影响整体销售收入,我们应该怎么解决这个问题。

> 好的,让我们一步步来思考提高客户保持率的方法。
> 1. 先了解客户流失的原因。可以通过客户调查、访谈等方式收集反馈,了解他们流失的具体原因,如价格太高、产品质量下降、服务态度不佳等。明确症结所在,才能对症治疗。
> (略)
> 这只是一些初步的思路,需要进一步结合公司具体情况研究制订策略。请考虑这些建议,也欢迎您提出其他看法,我们可以多方讨论后采取最佳方案。

> 好,现在帮助我们做第一步分析,了解客户流失的原因。

> 好的,为了了解客户流失的原因,我建议从以下几个方面进行调研。
> **1. 客户满意度调查**
> – 制订详细的客户满意度调查问卷,内容包括产品质量、价格合理性、售后服务等多个维度。
> – 通过电话、邮箱、App 推送等多种渠道邀请客户参与调查。
> (略)

> 经过调研，发现客户流失的主要原因是……，请指导我进行下一步分析。

AI（略）

遵循以上逐步思考提示的步骤来解决问题，市场营销团队可以更系统地分析问题和拟定对策，确保没有遗漏任何关键步骤。

逐步思考不仅仅是一种 AI 的指令模式，也是人们工作的方法，掌握这种方法，可以解决很多复杂问题。

2.2.4 获得更多创意方案：头脑风暴指令

利用 AI 进行头脑风暴，可以帮助你产生各种想法，探索各种可能性，获得创意的灵感，大大提高创意质量和效率。

在进行 AI 头脑风暴时，首先要明确头脑风暴的目标。你试图解决什么问题？希望获得什么样的想法或信息？然后，以此为基础编写指令，如表 2-9 所示。

表 2-9 指令 9（头脑风暴）

指令名称	头脑风暴
用途	进行头脑风暴，产生各种想法，获得创意灵感
句式	让我们进行头脑风暴，［解决某个问题 / 生成某种内容 / 产生某种创意 / 提供某方面建议］

以上只是初始指令，高效的头脑风暴包括想法生成、拓展补充、评估筛选和行动计划 4 个环节。

在初始指令中尽量使用开放性问题，避免封闭式问题，任务描述应尽量聚焦于预期结果，尽量不涉及具体方法、路径、限制条件等，以免影响创意的多样化。如有必要，可以在后续对话中提出这些限制条件。开放性表述示例与封闭性表述示例如表 2-10 所示。

表 2-10 开放性表述示例与封闭性表述示例

开放性表述示例 ✓	封闭性表述示例 ✗
如何减少我们数字产品订阅中的客户流失率	能不能加大优惠以减少我们数字产品订阅中的客户流失率
我正在寻找环保的产品概念，你有什么建议	绿色包装这个环保产品概念好不好
生成一些环保包装解决方案的想法	生成一些以再生纸、再生塑料等为材料的环保包装解决方案

 样例演示

下面以"智能家居产品创意"为例，演示头脑风暴过程中不同环节的指令用法。在初始阶段尽量鼓励发散思维。首先使用开放性指令：让我们进行头脑风暴，为智能家居设备生成创新的产品理念。

> 让我们进行头脑风暴，为智能家居设备生成创新的产品理念。

> AI　当然，让我们开始头脑风暴，为智能家居设备生成一些创新的产品理念。
> 1. 智能家庭安全巡逻机器人：一款能够巡逻你的家，检测异常情况并报警的机器人。它可以与其他智能家居设备集成，如摄像头、传感器和警报系统，以提高家庭安全性。
> 2. 情感感知家庭助手：……
> （略）

创意不嫌多,不用急着在一次提问后就停下来。10 个不够可以要求 AI 再生成更多。头脑风暴的初期应鼓励多样性,即使你认为有些想法完全不可行,也不要急于评估和否定,可以在后续环节中进行筛选。

 继续生成更多创新的产品理念。

 当然,以下是更多创新的智能家居产品理念。
1. 情感互动智能家具:一套能够感知家庭成员情感并作出响应的智能家具,例如能够变化形状和颜色的沙发。它能反映情感状态,从而提供更加温馨的居家体验。
2. 智能镜子:……
(略)

有了足够数量的想法之后,就可以进入下一个环节,对你感兴趣的想法进行扩展补充。这个环节依然采用发散思维,鼓励多样性。可以采用"关于……你有什么想法?"之类的开放性问题。

 关于智能镜子,你有什么想法?

 智能镜子是一种引人瞩目的智能家居设备,它结合了虚拟现实技术、健康监测和时尚建议,为用户提供了多种功能。以下是一些关于智能镜子的想法。
1. 虚拟试衣功能:智能镜子允许用户在线试衣服,而无须真正穿上它们。用户可以上传其喜欢的服装图片,然后镜子将以虚拟形式展示出来,帮助他们决定是否购买。此外,智能镜子还可以推荐与用户身材和风格相符的服装。
2. 定制化虚拟化妆:……
(略)

经过以上的扩展和补充,产品功能已经比较清晰了。借助发散思维,想法从无到有、从少到多。

接下来进入评估筛选环节。这时需要转换为批判性思维,从多到少,通过层层筛选实现沙中淘金。

首先评估技术可行性。

> 🧑 请分析其技术可行性。

> 🅰️ 智能镜子的概念在技术上是可行的,但它需要一系列先进的技术来实现各种功能。以下是一些关键技术领域,可以支持智能镜子的开发。
> 1. 虚拟现实(VR)和增强现实(AR)技术:虚拟试衣、化妆效果和定制化虚拟背景需要强大的 VR 和 AR 技术。这包括高分辨率显示、深度传感器、头部追踪技术以及实时图像渲染。
> 2. 生物识别技术:……
> (略)

然后进行市场分析。这个环节一定要强调"客观""现实",不能再像之前一样天马行空。

> 🧑 请以客观的态度,基于现实情况开展智能镜子这个产品的市场分析。

> 🅰️ 当进行市场分析时,我们需要以客观的态度评估智能镜子作为产品的现实情况。以下是一些关键因素。
> 1. 市场机会
> 需求趋势:健康意识和时尚需求不断增加,这为智能镜子提供了市场机会。人们越来越关注健康监测和个性化时尚建议,智能镜子可以满足这些需求。
> 线上购物趋势:……
> (略)

借助以上评估方法,筛选出有潜力的想法或解决方案。

一般来说,高效的头脑风暴依赖于团队合作。有了 AI,在没有团队的情况下你也可以进行头脑风暴,产出高质量的成果。

当然,对于一些比较重大的事项,如产品开发,你依然要和其他人一起评估这些成果并作出决策,这是 AI 无法替代的。

> **试一试**
>
> 以"如何抓住AI带来的机遇"为题进行头脑风暴,并制作思维导图。

2.3 让 AI 输出多种形式的内容

AI 除了输出文本,还能输出其他形式的内容,如表格、源代码、思维导图、图片、视频、PPT 等。我们可以使用输出形式指令来实现内容的输出,该指令包括"生成的内容"和"形式要求"两部分,必要时还可以附加"形式的补充要求",如表 2-11 所示。

表 2-11 指令 10(输出形式指令)

指令名称	输出形式指令
用途	让 AI 输出多种形式的内容,如表格、源代码、思维导图等
句式	请生成[生成的内容],以[形式要求]形式输出,[形式的补充要求]

2.3.1 输出表格

在实际工作中,有些内容使用表格的形式呈现会更直观,如会议议程、简历、业绩分析等。你可以直接让 AI 以表格形式输出内容,还可以把这个表格直接复制粘贴到 Word、Excel 等办公软件中。

> 请生成一个会议议程的示例,以表格形式输出。

以下是一个会议议程的示例（表格形式）：

时间	内容	负责人
09:00-09:15	开幕致辞	CEO
09:15-09:30	公司业绩报告	CFO
09:30-10:00	新产品发布	销售部
10:00-10:15	茶歇	后勤
10:15-10:45	技术分享及讨论	技术部
10:45-11:00	市场营销策略	市场部
11:00-11:15	客户案例分享	销售部
11:15-11:30	Q&A 环节	所有部门
11:30-11:45	闭幕致辞	CEO
11:45	结束	

你还可以对表格做进一步规定，例如规定表头。

 请生成一个会议议程的示例，以表格形式输出，表头格式为："序号 | 时间 | 内容 | 负责人"。

 以下是一个会议议程的示例（表格形式）：

序号	时间	内容	负责人
1	09:00-09:15	开幕致辞	CEO
2	09:15-09:30	公司业绩报告	CFO
……	……	……	……

2.3.2 输出代码

AI 能够编写程序，并输出代码。下面可以试试让 AI 用 Python 编写一个"Hello, World！"程序。

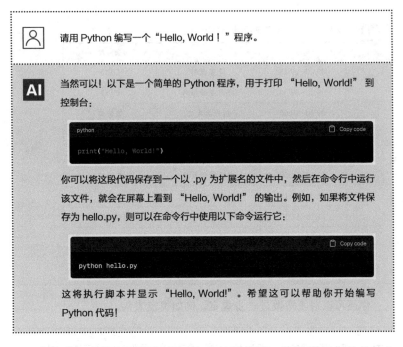

点击右上角的复制图标可以快速复制代码,粘贴到相应的软件中运行。

2.3.3　输出思维导图

AI 可以协助你做头脑风暴,并将结果以思维导图形式输出。

例如,以"火锅店的夏季营销"为主题制作思维导图,遵循先内容后形式的原则,先生成内容,再将确定的内容输出为思维导图的 Markdown 源码。

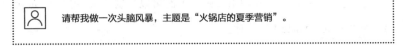

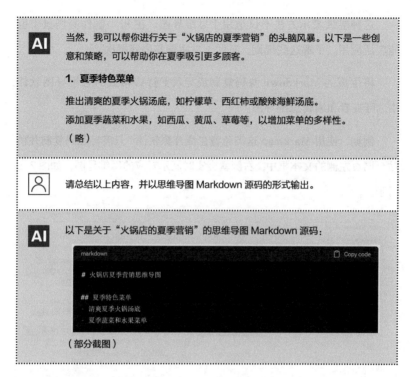

在 Markdown 源码中,"#""-"等符号分别表示不同的层级,具体如表 2-12 所示。

表 2-12 Markdown 源码中的符号层级

符号	表示的层级	示例
#	一级主题或主要类别	# 火锅店夏季营销思维导图
##	二级主题或子主题	## 夏季特色菜单
-	三级主题,更具体的子主题或细分	- 清爽夏季火锅汤底
缩进的 -	四级主题,更详细的信息或选项	- 柠檬草汤底
双重缩进的 -	继续展开下一级主题或子主题	- 不要钱的柠檬草汤底

这种层级表示方法不仅适用于思维导图，在 PPT 制作等场景中也能广泛应用。了解这些规则，有助于灵活调整内容层次。

将生成的 Markdown 源码复制或导入支持该格式的思维导图软件中，可查看和编辑思维导图。

例如，使用 Markmap 这类免费在线开源软件，只需将源码复制并粘贴至网页左侧的文本框中，右侧就会实时显示对应的思维导图，如图 2-5 所示。

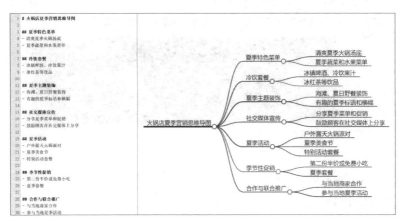

图 2-5

这种方法生成的思维导图不仅可以截图保存，还可以下载为 HTML 动态网页或 SVG 图像文件。

虽然一些 AI 软件已经集成了直接输出思维导图的功能，但上述方法的适用范围更广，操作更加灵活。

2.4 让 AI 更听你的话

为什么多次尝试始终得不到想要的结果？为什么 AI 就是听不懂你的话？你可以换一种方式表达你的意图。使用以下指令，让 AI 更听你的话。

2.4.1 一例胜千言：示例参照指令

有时候给 AI 提要求，感觉说得很清楚了，但它就是理解不了。这时，可以试试示例参照指令，给 AI 提供一两个示例，让它照此标准执行任务，这样它就会变得很听话。

示例参照指令包括"示例"和"任务"两部分，如表 2-13 所示。

表 2-13 指令 11（示例参照）

指令名称	示例参照
用途	用少量的例子训练 AI 执行特定任务
句式	［要执行的任务］ ［示例1］ ［示例2］

样例演示

让 AI 帮忙设计故事主人公的名字，很难描述名字的要求，使用示例更容易让 AI 理解你的意图。

> 请为我的故事设计 10 个主人公的名字。示例：花无缺、叶孤城。

> **AI** 在设计主人公的名字时,我考虑到了名字背后的含义和故事背景的适配性,力求每个名字既有文化深度,又能与读者产生共鸣。以下是为您设计的10个主人公的名字,每个名字均尝试反映其角色的独特性或命运。
>
> 云漠行——表示一位行走于广阔无垠云海和沙漠之间的旅者,寓意深邃,可能在故事中扮演着探索未知或是心灵旅程的角色。
>
> (略)

示例参照指令有广泛的用途,例如分类分级、文本摘要、内容生成、商品推荐等。它特别适用于执行大批量的、类似的任务,即使这些任务并没有公认的、预先定义好的"执行标准",它也可以通过几个示例归纳总结出一个执行标准,并用这个标准去完成剩余类似任务。

2.4.2 精准达成目标:模板生成指令

模板生成指令可以对 AI 生成的内容进行高度定制。如果说种子词指令像农业种植,那么模板生成指令就像工业加工。

模板生成指令通过输入特定的内容,如模板、特定词汇或一组约束条件,来控制输出的结果,如表 2-14 所示。这就像工厂里用模具制造产品一样。

表 2-14 指令 12(模板生成)

指令名称	模板生成
用途	对 AI 生成的内容进行高度定制
句式	根据以下[模板/条件/要求]生成[你要的内容]:[模板/条件/要求]

样例演示

我们可以使用模板生成指令,让 AI 协助创作金句,例如通过提供句式模板"真正的……并不是……，而是……"来控制 AI 生成固定结构的金句。

> 👤 根据以下句式生成金句：真正的……并不是……，而是……

> 🤖 真正的力量，并不是来自肌肉的强壮，而是来自内心的坚韧。
> 真正的勇气，并不是毫无畏惧，而是在恐惧面前坚定前行。
> （略）

> 👤 根据以下句式生成关于鲜花的金句：真正的……并不是……，而是……

> 🤖 真正的鲜花，并不是单纯的花朵，而是自然的艺术品。
> 真正的鲜花，并不是一时的美丽，而是永恒的记忆。
> （略）

写小故事时，可以用主人公、故事类型、关键情节等控制故事的生成方向。

> 👤 请根据以下条件生成故事：
> 主人公——飞飞
> 类型——童话故事
> 情节——冒险

> 🤖 **故事标题：《飞飞的奇幻冒险》**
> 从前，在一个小村庄里住着一个叫飞飞的小男孩。他是村里最爱冒险的孩子，时常跑到森林和河流探险，寻找神奇的宝藏和令人惊叹的秘密。飞飞总是满怀好奇心，渴望着更多的冒险和发现。
> 一天，飞飞听说附近有一座神秘的山，传说中它顶端藏有一颗神奇的宝石，能赐予持有者超凡的力量。对于飞飞来说，这简直是无法抗拒的冒险，他立刻决定启程前往这座神秘的山。
> （略）

我们可以使用模板生成指令和故事模型，让 AI 帮我们创作长篇故事。例如，用"英雄之旅模型"来构思小说。

"英雄之旅模型"是好莱坞编剧常用的故事模型之一。借助这个模型，可以利用 AI 为小说设定基本框架结构，并生成故事的内容概要。

> 请根据以下"英雄之旅模型"生成科幻小说：
> 普通世界→呼唤冒险→拒绝呼唤→遇见导师→越过第一门槛→试炼、盟友和敌人→接近深渊→逆境→奖赏→路归→完美还原→自我奋进

AI

故事名：星辰漂泊

第一章：普通世界

在宇宙的边缘，有一个普通而平凡的星球，名为泽拉斯。泽拉斯是一个资源匮乏的小行星，被辐射和废弃的星际飞船所环绕。人们在这里艰难生存，时刻面临着生存的威胁。主人公杰克，是一个年轻的机械工程师，过着单调的生活，渴望离开这个贫瘠之地，探索更广阔的宇宙。

第二章：呼唤冒险

有一天，泽拉斯上空出现了一个神秘的信号，它是由一艘未知的宇宙飞船发出的。这艘飞船被称为"星辰漂泊号"，据传说它拥有无与伦比的科技和巨大的财富。整个星球的人们都对这个传闻充满了期待和向往。杰克的好奇心被唤醒，他感觉这正是他踏上冒险之路的时机。

第三章：拒绝呼唤

然而，杰克内心深处也有畏惧和犹豫，他曾多次尝试离开泽拉斯，但都以失败告终，所以他始终觉得自己是个平凡无奇的人，不配追逐梦想。因此，他开始拒绝这个冒险的呼唤，告诉自己这只是个幻想，不值得一赌。

第四章：遇见导师

在杰克迷茫的时候，一位神秘的导师出现了。这位导师名为艾丽丝，是星际航行的专家，曾经是"星辰漂泊号"上的一名船员。她看穿了杰克内心的挣扎，鼓励他勇敢面对自己的恐惧，相信自己的能力。艾丽丝决定帮助杰克，成为他踏上冒险之路的导师。

（略）

模板是多种多样的，可以是句式、故事结构，或者是特定主题或人物的限定条件，还可以是特定的逻辑结构，如 SCQA 模型等。借助模板生成指令可以帮助我们更精准地控制 AI 达成目标。

2.4.3 轻松改变文风：风格定制指令

风格定制指令和模板生成指令类似，但又有所不同。模板生成是直接对内容的控制，风格定制是通过设定风格来间接影响 AI 对字词的使用。

风格定制指令的基本句式如表 2-15 所示。在描述风格的时候，可以使用风格具象化的技巧，直接用某个作家、作品来替代某种风格的描写。

表 2-15　指令 13（风格定制）

指令名称	风格定制
用途	对 AI 生成的内容的风格进行控制
句式	请用［某人／某书／某时期／某种形式］的风格生成／描写／改写［内容］

样例演示

指示 AI 生成"轻松诙谐、语句简练、情节跌宕的武侠风格"的文章，不如直接让它模仿古龙的语言风格。因为风格总是很难用简单的几个词概括，即使能概括出来，AI 也不一定能完全理解到位。用具体的作家或作品来替代风格描述，不失为一种巧妙的方法。

例如，把武侠风格迁移到非武侠题材内容上是一种创意，实现起来本不容易。但 DeepSeek 等 AI 具有强大的风格模仿能力，结合风格定制指令，可以轻松实现这样的创意。

> 👤 请用古龙的语言风格描写参加考试的过程。

> 🤖 **《考场剑客》**
> 残阳如血，映在考场的窗棂上。他坐在那里，像一尊石像。手中的笔，比刀更冷。
> 试卷发下的那一刻，他仿佛听见了江湖中人的叹息。那些叹息，是无数考生在题海沉浮时的哀鸣。
> 选择题，是暗器。快、准、狠，容不得半分犹豫。他的笔尖如飞燕掠水，在选项间游走。对与错，生与死，往往只在一念之间。
> 填空题，是剑招。看似简单，却暗藏杀机。每一个空，都是一处破绽。他凝神静气，将知识点化作利剑，一一填补。
> 作文，是内功。没有十年寒窗，写不出惊世文章。他提笔，墨香四溢。字字珠玑，句句惊雷。阅卷老师的红笔，便是江湖中人的生死簿。
> 铃声响起，他收笔入鞘。
> 考场外，斜阳正浓。他知道，这一战，不过是江湖中的一朵浪花。前方，还有更多的刀光剑影在等待。但他不怕。因为他是考生，也是剑客。

风格定制除了指定具体的作家和作品，也可以指定为某个时期的语言风格。

> 👤 请用清朝末期的语言风格生成一段关于品茶的文字。

> 🤖 吾今日来文，欲言一经典之雅事——品茶。茶者，一荣华之饮，自古及今，光辉照人，溢彩盈杯。然善品茶，非但须得佳茗佳器，并须得悟其中之妙道。
> 首先，茶之品质为关键。所谓"一举一动，皆显其神"，茶之高低，实藏于内。一盏品质优良之茶，其茶汤晶莹澄澈，若明如镜，且馥郁芬芳，使人闻之心旷神怡。毋庸讳言，质优者尚需配以宜人之器皿，方能倍添雅趣。

> 其次，品茶之道，犹如临溪观鱼，静享其中之禅意。不宜匆促，宜得其时宜得其地。友常云："品茶似醉，须缓缓细斟，方得尽其滋味。"因此，有心人须端坐品味，如敬如仪，细品茶中之滋味，探寻内在之趣味。
> （略）

　　风格定制还可以通过指定具有应用场景的文本类型，将内容改写成更适用于该应用场景的风格。例如，可以用 AI 将一段书写随意的沟通内容改写为正式的商务邮件。

> 请用正式的商务邮件形式改写以下内容，要求使用中文邮件惯用的格式，语言简练。
> 李经理，你昨天发来的订单，我们已经收到了。这里面有些事情想跟你沟通一下。在这一批订单中，第三颗物料 TB03 的最小包装量是 200 件，你只采购 150 件，我们没办法发货。你看看这颗物料是不要了，还是按最小包装量来重新下单？第四颗物料 TC05 没有现货，需要开线生产，交货日期不能在你说的 9 月 25 日之前发货，最早可以在 9 月 30 日前发货。你看行不行？如果可以，我们就准备生产，如果不行，那我们也没办法。第一、第二颗物料是有现货的。请问第一、第二颗物料要不要先发给你？

> **尊敬的李经理：**
>
> 感谢您昨天发来的订单，我们已收悉。有几个事项需要与您商议。
>
> 1. 第三颗物料 TB03 的最小包装量为 200 件，而您只采购了 150 件，导致无法发货。请您确认是取消该物料采购，还是按最小包装量重新下单？
>
> 2. 第四颗物料 TC05 暂无现货，需要开线生产。由于生产周期限制，无法在您所要求的 9 月 25 日之前发货，最早的发货时间为 9 月 30 日前。请问您是否能接受这个交货日期？
>
> 3. 第一、第二颗物料目前有现货，是否需要先发给您？
>
> 期待您尽快回复，以便我们做好相关安排。
>
> 谢谢合作！
>
> （略）

除了商务邮件，还有很多常用的具有应用场景的文本类型，如剧本、微博、演讲稿、新闻报道等。我们可以根据自己的需求，选择对应的文本类型让 AI 进行改写，使内容看起来更加规范和专业。

试一试

请尝试使用至少两种完全不同的方式生成两篇不同风格的短文。

2.4.4 赋予文案情感：情感定制指令

AI 输出的内容机器味儿重怎么办？使用简单的情感定制指令，就能创作带有情感的内容。

情感定制指令和风格定制指令非常相似，其基本句式如表 2-16 所示。

表 2-16 指令 14（情感定制）

指令名称	情感定制
用途	对 AI 生成的内容的情感进行控制
句式	请生成 [某种内容]，文字应具有 [喜悦 / 悲伤 / 愤怒 / 恐惧 / 厌恶 / 惊讶 / 焦虑 / 平静 / 压抑 / 羞愧……] 的情感

样例演示

我们可以使用情感定制指令生成一段富有情感的故事情节，情感定制指令使用起来很简单，但有时要求 AI 生成具有特定情感的内容，如生气，AI 可能会反复地使用"生气"这个词，输出的内容机器味儿重。怎么解决这个问题呢？我们可以在指令中加入"不能使用'生气'这个词"作为限定条件。

> 请生成一段故事情节，描写女主人公莎莎遭遇多次意外状况和不公平对待，文字应处处透着生气的情感，但是不能使用"生气"这个词。

> **AI**
> 莎莎一整天都心绪难平，事情接二连三地出乎她的意料。清晨，她本打算好好享受一顿早餐，却发现自己常去的咖啡馆居然关门了。她满腹期待的卡布奇诺和牛角包，成了泡影。街角小店的咖啡不但苦得像药水，还溅到她的新裙子上，留下了一块难以忽视的污渍。
>
> 她匆匆赶去公司，脑子里想着会议上该如何展示她熬夜准备的方案。可是，等她一到公司，部门主管却告诉她，会议提前了，而她的方案已经被同事抢先提出来，甚至连一声通知都没有给她。这种窒息般的压抑让她的心跳加速，胸口仿佛被什么压住了一样。她站在办公室的玻璃门外，手紧紧握成拳，嘴唇微微抖动，压抑着一股涌上来的情绪。
>
> 中午休息时，她去停车场准备离开，才发现自己的车被另一辆车堵住了。她在烈日下站了十几分钟，拨了几次电话，等来的却是一声冷漠的回复："你再等等吧，我不确定什么时候回来。"电话挂断的那一刻，她的手指用力到关节发白，整个人仿佛被现实推到了墙角。
>
> 一天下来，莎莎觉得世界仿佛在跟她作对。回到家，她推开门，看到房东正站在门口，冷冰冰地递过来一张提前解约通知。"对不起，莎莎，我们需要腾出房子。"那张纸轻飘飘地落在她脚边，而她却感觉像是承受了一记重击。她努力让自己的声音保持平静，但眼里却有一丝无法遏制的波动。每一个细微的不公平，都像一根无形的针，扎进她的心里。
>
> 每当她试图站稳脚跟，生活就会毫不留情地给她新的冲击。

可以看到，在情感定制指令中加上限定条件后，AI 在不直接重复使用"生气"这个词的情况下，用各种描写手法体现出人物"生气"的情感，生成的内容机器味儿就没那么重了。

除了上面的例子，我们还可以尝试种子词指令和情感定制指令组合使用。例如，种子词为"寒冬"，情感定制指令为"让文字充满愉悦的情绪"，这种组合输出的结果会是另一番意境。

> 以"寒冬"为种子词生成一篇散文,让文字充满愉悦的情绪。

AI:
寒冬将至,银装素裹的大地悄然进入了一年中最寒冷的时节。

清晨,我悄悄走出家门,踏上银白的小径。寒风呼啸,但我却感受到一股令人愉悦的兴奋。漫天的雪花飘舞着,宛如梦幻的精灵,轻轻地覆盖大地,将一切都披上了洁白的外衣。在阳光的照耀下,雪地上闪烁着晶莹的钻石光芒,仿佛整个世界都沉浸在童话般的美丽中。

寒冬是大自然的画家,用她神奇的画笔勾勒出一个个令人惊叹的冰雕和雪雕。在林间小道上,我发现了一个冰雕的精灵王国,小溪被冻成了一条晶莹剔透的冰带,树枝上挂满了晶莹剔透的冰挂坠。这些奇妙的景象让我不由自主地陷入了对大自然奇妙创意的赞美之中。

(略)

让我们一同迎接寒冬的到来,用心感受她的美丽与魔力。在冰雪的世界里,寻找生命的闪光点,用文字书写出温暖的故事。愿这份愉悦与温暖,传递给每一个读者,让我们在寒冬中绽放出绚烂的色彩,迎接更美好的明天。

情感定制指令除了用于内容创作,还可以用于职场沟通。例如,当你的下属因申请晋升失败而沮丧,你不知道怎么安慰和鼓励对方时,可以让 AI 来帮你。

> 我部门的下属小刘因晋升申请没有被公司批准而情绪低落,请你帮我提供一段安慰和鼓励小刘的沟通话术,话语应具有肯定和鼓励的情感。

小刘,首先我想让你知道,我完全理解你现在的心情。晋升的道路总会起起伏伏,这次的结果或许并不如我们所愿,但它绝对不代表你的能力和价值被否定。

回顾你在团队中的表现,你的专业技能、对工作的热情以及对待同事的真诚,都是大家有目共睹的。你的每一次努力和付出,都为团队带来了不可忽视的贡献。这比任何职位的晋升都更加宝贵,因为它们构建了你的职业基石。

> 成功不仅仅在于职位的高低，更在于我们能否在各自的岗位上发光发热，实现自我价值。你有着无限的潜力和可能，我相信，只要不放弃努力，持续精进，属于你的机会一定会到来。
>
> 这次的经历或许正是我们识别更多成长空间的机会。让我们一起看看，在接下来的工作中，我们如何进一步提升，为下一次机会做好更充分的准备。
>
> 作为你的部门经理，我会一直在你身边支持你，无论是工作上的挑战还是个人成长的需求，都请随时与我沟通。让我们一起加油！

试一试

莎莎负责的项目因故再次推迟交付，引发客户的极大不满，请你提供一段话术，帮助莎莎安抚客户情绪。

2.4.5 高质量提问：提问方法推荐指令

提问方法推荐指令可以让 AI 帮助我们改进提出的问题，并给出表达更清晰、更具体或在其他方面更优的提问，然后回答这个提问。它能让你在没有太多 AI 使用技巧的情况下，也能提出高质量的问题。

提问方法推荐指令的基本句式如表 2-17 所示。

表 2-17 指令 15（提问方法推荐）

指令名称	提问方法推荐
用途	让 AI 帮助我们改进提出的问题
句式	1. 从现在开始，每当我向你提出问题时，请你根据我的提问给出更好的提问 2. 如果有更好的提问，请询问我是否要用它替代我原来的提问

样例演示

假设你想咨询 AI 如何撰写营销项目方案，但不确定如何更好地提问，可以使用提问方法推荐指令，让 AI 告诉你怎么提问。你还可以让

AI 同时询问你是否采纳建议。当你觉得 AI 建议的提问更好时,回答"是",AI 就可以直接给出该问题的答案。

> 👤 从现在开始,每当我向你提出问题时,请你根据我的提问给出更好的提问。如果有更好的提问,请询问我是否要用它替代我原来的提问。

> 🅰🅸 好的,我会尽力提供更好的提问版本。请告诉我你有什么问题。

> 👤 怎么写营销项目方案?

> 🅰🅸 你是否想了解如何编写一个完整的营销项目方案,包括目标设定、策略制订、执行计划和评估方法。

> 👤 是。

> 🅰🅸 以下是一个更详细的版本的提问:如何编写一个完整的营销项目方案,包括目标设定、策略制订、执行计划和评估方法。
> 你是否希望使用这个更详细的版本?

> 👤 是。

> 🅰🅸 当编写一个完整的营销项目方案时,以下是一些步骤和指导以帮助你开始。
> **1. 目标设定**
> 确定你的营销项目的具体目标,如提高品牌知名度、增加销售额等。
> 确定目标的具体指标和时间范围,如在一年内增加 20% 的销售额。
> (略)

在这个过程中,AI 先进一步询问你的需求,然后给出一个更具体的提问版本,并给出该提问的答案,整个沟通过程非常流畅。

除了上述通用句式，你还可以根据具体问题调整指令。

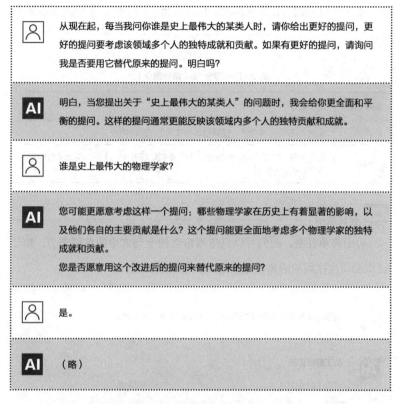

如果我们经常使用提问方法推荐指令改进提问，一段时间之后，我们的提问能力也会得到提升，从而能越来越熟练地使用 AI 解决问题。

> **试一试**
>
> 找一个你之前使用 AI 时间的不好的问题，使用提问方法推荐指令改进提问，看看效果如何。

2.4.6 让 AI 成为专业助理：角色指令

当我们需要 AI 帮我们解决某个领域的专业问题时，可以使用角色指令。角色指令是重要和常用的 AI 指令之一,通过设定 AI 模拟某种角色,可以使 AI 输出与该角色匹配的内容。角色指令的基本句式如表 2-18 所示。

表 2-18 指令 16(角色指令)

指令名称	角色指令
用途	设定 AI 模拟某种角色,使其输出与该角色匹配的内容
句式	请你担任 / 扮演 [指定角色],[完成指定任务],[附加信息(有助于完成任务的参考资料)]

样例演示

对于简单任务,我们可以只使用角色指令句式中的前两部分,如让 AI 以公司法律顾问的角色帮忙起草一份保密协议。

> 请你担任某咨询公司的法律顾问,起草一份员工保密协议。

AI 员工保密协议

甲方(雇主):_____(公司全称)

地址:_____

乙方(员工):_____(员工姓名)

身份证号码:_____

住址:_____

鉴于乙方在甲方公司任职,并可能接触或知悉甲方的商业秘密、技术秘密、客户信息、经营策略等敏感信息(以下简称"保密信息"),为保护甲方的合法权益,防止保密信息泄露,甲乙双方根据《中华人民共和国劳动法》《中华人民共和国反不正当竞争法》及相关法律法规,经平等协商,达成如下协议:

一、保密信息的定义

本协议所称的保密信息,包括但不限于甲方未公开的技术资料、经营策略、客

> 户名单、财务资料、市场调研报告、合同文件、设计方案、源代码、数据库、软件程序、产品配方、生产工艺、研发成果、营销计划、未公开的决策及会议内容等，无论以何种形式存在，均属于保密信息的范畴。
>
> **二、保密义务**
>
> 乙方承诺，在受雇于甲方期间及离职后，未经甲方书面同意，不得以任何形式（包括但不限于口头、书面、电子等）泄露、传播、公布、使用或允许他人使用保密信息。
>
> 乙方应妥善保管甲方提供的所有文件、资料、物品等含有保密信息的载体，不得私自复制、留存或转交他人。
>
> （略）

对于较为复杂的任务，可以使用完整句式，在指定任务后面加上完成任务需要的参考资料，或其他附加信息，使生成的内容更加满足实际需求。

2.5 万能指令框架：Who+What+How+AI

学习了那么多指令，如何有效地组合这些指令以应对千变万化的问题呢？你可以采用一个万能指令框架，它由 Who、What、How、AI 四部分组成。

- Who 指角色，即希望 AI 扮演什么角色。
- What 指任务，即希望 AI 完成什么任务，解决什么问题。
- How 指执行方式，即如何完成或达到怎样的效果，对结果有何要求等。上文介绍的示例参照、模板生成、风格定制、输出格式、字数限制等都可以放在这个部分。

- AI 在这里并非指人工智能,而是指附加信息(Additional Information),即待处理的信息,或有助于完成任务的参考资料,又或者是对于任务的担忧等。

这个万能指令框架具体怎么用呢?举个例子,如果你想用 AI 写一篇产品介绍文案,可以用这个框架设计如下指令。

Who:请你作为资深广告策划师

What:帮我写一篇关于运动手环的介绍文案

How:要求突出产品特点,能够吸引年轻人的注意力,字数 600 字左右,生成的内容应与以下信息自洽

AI:运动手环的产品信息如下……

具体应用如下所示。

请你作为资深广告策划师,帮我写一篇关于运动手环的介绍文案,要求突出产品特点,能够吸引年轻人的注意力,字数 600 字左右,运动手环的产品信息如下。

SP9 运动手环规格参数
颜色:皎月白、玄岩黑、桃梦粉、阳光橙
适用手腕尺寸:女款 120~190 mm 男款 130~210 mm
重量:约 14 克
(略)

【潮流新宠,SP9 运动手环燃动青春!】
在色彩斑斓的潮流中,SP9 运动手环以皎月白、玄岩黑、桃梦粉、阳光橙四色绽放,不仅是手腕上的风景线,更是你个性态度的宣言!仅 14 克的轻盈身姿,无感佩戴,让自由无拘无束。
无论男女,120~210 mm 的广泛适配,完美贴合每一份独特。
(略)

> SP9运动手环,不仅是科技的结晶,更是青春的符号。戴上它,让我们一起,以科技之名,燃动青春,跑向更精彩的未来!

如果不使用上述指令,直接输入一句"请帮我写一篇关于运动手环的介绍文案",AI 也能生成,但生成的文案和上述示例文案相比,通常会有很明显的缺陷,有兴趣的读者可以对比试试。

上手用 AI 很简单,随便输入一句,AI 就能给我们答案,但是效果往往不尽如人意。使用这个框架后明显的变化是指令变长了,因为在目前的大量实践中我们发现,这种结构化表达的长指令效果往往更好,能够帮助我们更完整和清晰地表达出需求,从而引导 AI 生成更符合实际需求的内容。

需要注意的是,并不是每个任务都需要使用 Who+What+How+AI 框架的 4 个模块。例如,很多时候不需要角色(Who)和附加信息(AI),而且 4 个模块的顺序也不是固定不变的,可以根据具体情况灵活应用,例如,有时附加信息也可以放在最前面。

在使用 DeepSeek-R1 进行深度思考时,只需简单说明目标即可,不宜使用复杂的结构化指令,它会限制和干扰 AI 思考。

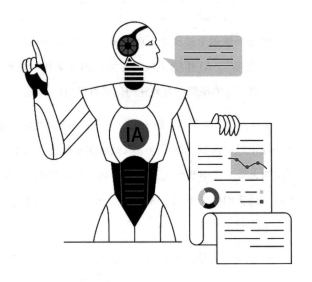

第 3 章
AI 让写作更简单

> 本章介绍了如何利用AI革新写作过程。通过具体案例展示了如何使用AI工具撰写职场应用文、创作新媒体内容、策划商业营销文案,以及创作文学作品。让AI成为你在言语表达上最得力的助手,帮助你节省时间、激发创意,并提升文字表达水平。

3.1 AI 辅助职场应用文写作

在职场中，撰写各种文档和材料常常耗费大量时间。通过使用 AI 工具，你可以轻松完成职场文档（如通知、请示、会议纪要和工作计划等）的编写，确保文档专业、规范。

3.1.1 通知和请示：高效撰写，规范传达

通知和请示是组织内部沟通的基础，这些公文通常对格式和用词有严格的要求。AI 可以帮助我们生成符合企业要求或行业标准的公文，提高公文撰写的效率。公文撰写通常包括图 3-1 所示的 4 个步骤。

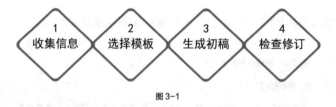

图 3-1

1. 收集信息

在撰写公文之前，首先需要收集所有必要的信息。例如，事件的具体时间、地点，以及需要通知或请示的内容等。

2. 选择模板

企事业单位一般对公文有格式要求，选择一个适用的模板，如果没有，可以使用角色指令让 AI 生成一个基础模板。

请你作为公文写作专家,提供一份企业用的绩效评估通知模板。

关于年度绩效评估工作的通知

各部门:

为确保公司年度绩效评估工作顺利进行,现将有关事项通知如下。

一、绩效评估背景及目的

二、绩效评估标准与指标

三、绩效评估安排

四、有关要求与希望

附件:

公司人力资源管理部

XXXX 年 XX 月 XX 日

3. 生成初稿

输入该通知的关键信息,让 AI 根据模板生成公文的初稿。

 绩效评估指标体系如下。

1. 职能部门

定量指标:重点工作完成率(25%)、预算执行率(20%);定性指标:工作态度(15%)、沟通能力(15%)、团队协作(15%)、问题解决能力(10%)。

2. 业务部门

定量指标:销售额(30%)、毛利率(20%);定性指标:工作态度(15%)、沟通能力(10%)、团队协作(10%)、创新能力(15%)。

时间安排如下。

自评阶段:7 月 10 日~7 月 13 日

部门评价阶段:7 月 14 日~7 月 15 日

公司评价阶段:7 月 17 日~7 月 18 日

请根据以上信息,参考模板生成通知。

关于年度绩效评估工作的通知

各部门：

为确保公司年度绩效评估工作顺利进行，现将有关事项通知如下。

一、绩效评估背景及目的

年度绩效评估是对全体员工工作表现的综合评价，旨在提高员工工作效率，强化激励机制，促进公司与员工共同发展。本次评估依据公司发展战略及部门实际情况，对员工的绩效表现进行全面、客观、公正的评估。

二、绩效评估标准与指标

各部门绩效评估指标如下。

职能部门

定量指标：重点工作完成率（25%）、预算执行率（20%）；定性指标：工作态度（15%）、沟通能力（15%）、团队协作（15%）、问题解决能力（10%）。

业务部门

定量指标：销售额（30%）、毛利率（20%）；定性指标：工作态度（15%）、沟通能力（10%）、团队协作（10%）、创新能力（15%）。

三、绩效评估安排

自评阶段：每位员工根据公布的评估标准与指标，对自己的工作表现进行客观评价。自评时间为1月10日～1月13日。

部门评价阶段：各部门领导结合员工自评情况，依据公司评估标准，对员工进行综合评价。部门评价时间为1月14日～1月15日。

公司评价阶段：公司领导对各部门评价结果进行审核与调整，最终确定员工年度绩效等级。公司评价时间为1月18日～1月19日。

四、有关要求与希望

每位员工应认真对待绩效评估工作，按照评估标准与指标进行客观自评。

各部门领导应加强对员工工作的了解，依据实际情况进行部门评价，确保评价结果的公正性和准确性。

公司将绩效评估结果与员工激励、晋升等紧密挂钩，希望广大员工积极参与，努力提高自身工作表现，为公司发展作出更大贡献。

附件：年度绩效评估指标体系及评估标准

公司人力资源管理部

XXXX年XX月XX日

4. 检查修订

在生成初稿后，仔细审查以确保所有信息都是准确和完整的。你还可以使用 AI 来进行必要的修订。

注意

很多企事业单位对通知有严格的格式要求，如对字体、字号、行高等有严格的规定。AI 生成的公文，如果在网页中输出，一般不满足格式要求，需要复制到办公软件中另行处理文字格式。

思路拓展

除了通知，常见的公文还有决议、决定、公告、通告、意见、通报、报告、请示、批复、议案、函、纪要等，都可以使用上述方法完成。

3.1.2 讲话稿：彰显水平，印象深刻

在职场中，经常需要进行各种演讲和陈述，如公司会议、销售演讲、开幕致辞等。然而，并非每个人都有足够的时间和能力撰写令人满意的讲话稿。AI 可以在这方面提供帮助。讲话稿撰写通常包括图 3-2 所示的 5 个步骤。

图 3-2

1. 明确主题

向 AI 提供背景信息，说明将在何种场合进行何种讲话。明确讲话的主题，如果还没有主题，可以让 AI 生成；如果已有主题，也可以让 AI 修改、升华。

> ABC 公司是一家以管道安装为主营业务的施工企业，今年 3 月拟举行一次焊工技能竞赛，公司领导将出席并讲话，现需要拟一篇讲话稿，请你为这篇讲话稿生成 10 个标题，标题应体现对技能的重视，倡导工匠精神，每个标题字数不超过 18 个字。

> **AI**
> 1. 专注技能，铸就质量
> 2. 焊工技能，闪耀舞台
> （略）

> 好的，标题确定为：焊工技能，闪耀舞台。

让 AI 生成标题时，建议使用批量生成的指令。这样可以提高效率，更容易选出高质量的标题。如果一批标题都不符合要求，可以让它继续生成下一批。

2. 收集信息

虽然只提供一个主题，AI 也能生成一篇完整的讲话稿，但这样生成的稿件往往缺乏针对性和深度，难以满足质量要求。高质量的讲话稿往往需要量身定制。

量身定制的关键是向 AI 提供充足的信息。收集与主题相关的信息和素材输入给 AI，它可以生成更准确、可信、适用的讲话稿。

各类讲话稿可能需要收集的相关信息和素材示例如图 3-3 所示。

也可以直接询问 AI 需要提供什么信息，以及这些信息在哪里可以找到。

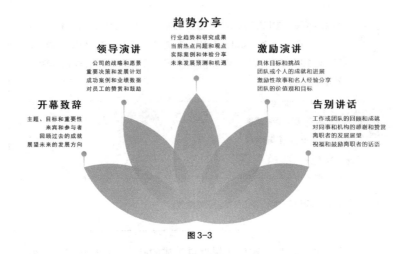

图 3-3

> 如果让你帮我撰写以上主题的讲话稿,我应该先向你提供什么信息和素材?它们存在于哪些文件载体里?这些信息和素材尽量是原本就存在的,而不是需要现写的。

> 要撰写针对"焊工技能,闪耀舞台"这一主题的讲话稿,以下是一些建议的信息和素材,及可能的文件载体。
> 公司背景与简介:这可以帮助听众构建一个背景。可能的载体:公司年报、官方网站、企业手册。
> 焊工技能竞赛的背景:为何公司决定举办此次竞赛?可能的载体:公司内部文件、竞赛策划提案、相关邮件往来。
> 技能的重要性:具体案例,展示在过去的项目中,高水平的焊接技能如何为公司带来了价值。可能的载体:项目总结报告、客户反馈、质量控制报告。
> (略)

AI 列出的这些信息,一般不必全部提供,我们可以选择那些最基本、最重要,以及能为讲话稿增色的信息。

3. 规划结构

收集到信息后,先不急于生成完整的讲话稿,应先规划讲话稿的结构。制订一个清晰的大纲,包括引言、主体和结尾部分。在大纲中列出想要讲述的重点和它们的顺序,确保它们之间有逻辑连接,并与听众的思维方式相符。

> 请帮我制订一个清晰的大纲,结构包含引言、主体和结尾。在大纲中列出想要讲述的重点和顺序,确保它们之间有逻辑连接,并与听众的思维方式相符。

检查 AI 生成的大纲,根据需要调整修改。

4. 生成讲话稿

以大纲和收集到的信息为基础,让 AI 撰写初稿。可以对讲话稿的语言风格和字数等作出要求。

> 我给你提供信息如下:
> ABC 公司成立 7 年,核心价值观是"专业服务 卓越品质 诚信合作";
> 竞赛的目的是提升员工技能,进而提高工程质量;
> 竞赛由工会组织,比赛项目包括电弧焊、气体保护焊、气焊、气割 4 个项目,每个项目评选出 1 个技能状元,3 个技能标兵;
> 领导层重要人员包括市总工会副主席 A、公司董事长 B 等;其他人员是公司各部门各班组的员工。
> 请根据以上我给你的信息,以及你列出的大纲,帮我起草《焊工技能,闪耀舞台》讲话稿,要求文字简洁,适当口语化,字数约 800 字。
>
> **AI** 好的,已根据您提供的信息和之前的讲话稿大纲,为您起草了题为《焊工技能,闪耀舞台》的讲话稿,内容如下:
> 各位焊工同仁,市总工会领导,公司董事长,各位来宾,同志们,大家好!很高兴与大家相聚在这个属于焊工的舞台,共同见证我们 ABC 公司焊工群体技艺的光辉与进步。

> ABC 公司自成立以来,一直秉承"专业服务、卓越品质、诚信合作"的核心价值观,视员工技能的提升为企业发展的基石。通过持续培训,我们的焊工队伍涌现出许多技术能手,产生了显著的质量改进效果。数据显示,我们的焊接质量合格率和客户满意度已连续多年名列前茅。这些成绩的取得,有赖于广大焊工同仁对本职工作的热诚投入与不懈追求。
>
> 为进一步提升焊工技能水平,增强工程质量保障,今年公司工会积极响应,组织此次大规模的焊工技能竞赛。包括电弧焊、气体保护焊、气焊、气割四个项目,通过对技术的竞技展示,使焊工们互相观摩切磋,提高团队整体技能。我相信通过比赛,参赛选手们一定能展现出色的技艺,充分体现焊接工种的专业精神。每位取得佳绩的焊工同仁,不仅将获评选表彰,更将成为启迪后进的标杆。各位技能状元和技能标兵将是我们学习的楷模,要主动承担起传递经验、帮助他人成长的责任。我期待他们在以后的工作中,继续发扬工匠精神,以最好的技能服务于每一个项目。
>
> 最后,我衷心感谢市总工会和公司领导对此次技能竞赛的大力支持。让我们共同期待一场焊工技艺的精彩盛宴!预祝竞赛取得圆满成功!谢谢大家!

5. 修改润色

好文章是改出来的。改稿包括内容修改和文字润色两个方面。

首先对内容进行修改。审查草稿中的错误或与实际不符之处。发现错误,可使用 AI 修改,确保讲话稿观点清晰,并能引起听众的共鸣。例如,检查后发现草稿中缺少关于"奖项设置"的介绍,可以让 AI 补充相关内容,并指明该内容插入的位置。

> 请增加奖项设置的介绍,放在第四段。

其次是文字润色。检查词汇、语法、句子流畅度和逻辑连贯性等。文字润色先让 AI 做一遍,再自己读一遍。

使用修改润色指令,可以轻松高效地修改稿件,如表 3-1 所示。

表 3-1　指令 17（修改润色）

指令名称	修改润色
用途	修正文字错误，使语言更富有表现力和更精确
句式	请检查以下文字有无错误，如错别字、语法错误、表达不准确等，如有，请修改润色

样例演示

下面以修改润色上文中的讲话稿为例，演示如何应用修改润色指令。需要注意的是，AI 的基本风格是规范的书面语风格，在润色讲话稿时应强调保持口语风格。

> 请检查全文有无错误，如错别字、语法错误、句子太长、表达不够流畅等，如有，请修改润色，并在全文后面列明修改了哪些地方。请保持使用口语风格，不要改为书面语。如未作修改，请回复"未作修改"。

> AI（略）

经过以上 5 个步骤，AI 就写出了一篇较高质量的讲话稿。

如果不采用上述方法，直接输入一句指令："请你帮我写一篇 ABC 公司焊工技能竞赛领导讲话的讲话稿"，则生成的讲话稿通常明显比用上述方法生成的讲话稿逊色。感兴趣的读者可以自己对比试试。

注意

> 虽然 AI 可以提供建议和灵感，但过度依赖 AI，不加入个人思考和创意，可能会导致撰写的内容"机器味"较重。使用 AI 撰写讲话稿时，用户主要负责引导和提供信息，亲自撰写的内容相对较少。在终稿阶段，进行人工编辑和校对是必要的，以确保逻辑清晰、内容准确无误。

> **思路拓展**
>
> 在编辑和校对之后,还需要考虑讲话稿的朗读和声音效果。使用适当的音调、停顿和强调来增强讲话效果。

3.1.3 会议纪要:轻松搞定,领导肯定

当日常工作中会议较多时,写会议纪要通常耗时且容易有错漏。用 AI 可以帮助我们从笔记或会议录音中高效生成准确全面的会议纪要,主要操作步骤如图 3-4 所示。

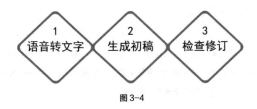

图 3-4

1. 语音转文字

如果使用录音设备,则需要将录音文件转换为文本文件。可以使用专用语音识别软件,或使用 AI 的语音转文本功能。转换得到的文本通常有两个缺点:包含大量口头语和内容过于冗长。人工处理很麻烦,可以交给 AI 处理。

但是,对于部分关键内容,建议稍作预处理。例如,针对某领导作出的最终决策,因为 AI 不知道发言人的身份信息,所以它无法辨识由身份差异引起的文本重要性。预处理方法很简单,仅需在相关内容前标注发言人身份,如"总经理 ZS 说:"。

2. 生成初稿

使用 AI 生成会议纪要的初稿。可以输入关键信息(如会议名称、

主要讨论点、决策、待办事项等），要求 AI 从转换文字中概括出相应的内容。

对手工记录的文字，可使用以下指令生成初稿。

> 请根据我的会议速记内容，整理会议纪要。会议名称是"ABC 公司一季度工作总结会议"，需概括的主要内容包括：主要讨论点、决策、待办事项。
> 以下是会议速记文字：……

对于语音转换成的文字，处理方法与上述方法基本相似，但语音转成的文字内容往往较长，一般以附件的形式上传，如果不支持附件，又不能一次复制完成，可以使用以下指令。

> 接下来，我将输入会议录音转成的文字，文字较长，我将分 3 次输入给你，请你在每次收到后只回复"收到"，直到我说"输入完成"为止。
> 以下是第 1 部分录音文字：……

AI 收到。

> （略）

> 输入完成。请根据以上会议录音转成的文字，整理会议纪要。会议名称是"ABC 公司一季度工作总结会议"，需概括的主要内容包括：主要讨论点、决策、待办事项。

AI （略）

3. 检查修订

生成会议纪要初稿后，须进行检查和修订，确保所有的信息都是准确和完整的。同样，可以借助 AI 进行检查修订，例如，补充更多细节或澄清、纠正特定内容。如果会议纪要文字过长，可以进一步要求 AI 精简文字。

> 👤 讨论点 4：使用付费广告来提高公众号文章的曝光度，有讨论但尚未达成共识，请修改。

> 🅰️ （略）

> 👤 请精简会议纪要文字，将全文精简至 600 字以内。

> 🅰️ （略）

> ✋ **注意**
> 会议纪要可能包含敏感或机密信息。在使用AI处理此类信息时，应确保所使用的平台符合数据安全和隐私的规定。必要时，先进行脱敏处理。脱敏方法见第1章中的表1-2。
> 发布会议纪要前，建议让相关参会者复核，以避免出现错误或遗漏。

> 【思路拓展】
> 记者可以使用这种方法来快速整理采访内容或新闻报道。通过将录音文件转为文本文件，并利用AI生成文章初稿，可以大大提高工作效率。

3.1.4　工作总结 PPT：突出贡献，展现洞见

在撰写工作总结时，许多人面临两大难题：如何描述业绩并突出个人贡献，如何快速将工作总结制作成 PPT。使用 AI 可以生成专业且富有洞见的工作总结，并快速转换成 PPT，AI 工具组合为 DeepSeek+ 讯

飞智文,主要操作步骤如图 3-5 所示。

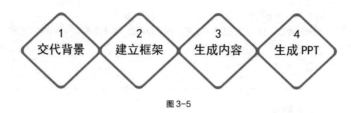

图 3-5

1. 交代背景

首先向 AI 交代工作总结的背景,并询问需要提供的信息。背景包括目标受众、工作领域、时间范围等。

目标受众:这份工作总结是为谁写的?上级、团队成员、客户或其他利益相关者。

工作领域:工作总结涉及什么行业或领域?例如,软件开发、市场营销等。

时间范围:工作总结须涵盖多长时间?一个月、一个季度或整个项目周期。

> 帮我写一篇工作总结,你需要哪些信息?工作总结的背景信息如下。
> 目标受众:上级管理者。
> 工作领域:中型科技公司,市场营销。
> 时间范围:3 月。

> **AI** 为了帮助您撰写一份工作总结,我需要以下信息。
> 工作背景:请提供有关您的职位、工作职责和工作项目的详细背景信息。
> 3 月的主要工作项目:列出您在 3 月参与或负责的关键工作项目和任务。请包括每个项目的目标、范围和完成情况。

> 成就和里程碑：指出您在 3 月期间取得的重要成就、项目成功的里程碑以及与之相关的指标数据。
> 困难和挑战：讨论您在工作中遇到的困难和挑战，以及您如何应对这些问题的方法。
> （略）

2. 建立框架

让 AI 根据所提供的背景信息生成一个工作总结框架。检查生成的框架，根据情况修改调整，或重新生成。

 请你根据我提供的背景信息，生成一个工作总结框架。

如果所在组织有规定的工作总结框架模板，可以直接输入给 AI。

 以下是我们公司统一的工作总结框架，请回复收到。
1. 工作目标
2. 主要成就
3. 挑战与解决方案
4. 下月计划
5. 其他

3. 生成内容

向 AI 提供信息，要求 AI 根据框架生成完整的工作总结。

其中最重要的信息是工作完成情况，建议使用"任务 / 项目 + 结果"的格式，有利于体现自己的业绩。如果没有显性的结果，有两种处理方式：一是标注为"完成 / 进行中"；二是写上"请补充"3 个字，让 AI 补充。例如，拜访了客户但是没有拿到订单，不一定就完全没有价值，可以让 AI 帮你提炼。

> 根据以下信息，按上述框架结构生成一份完整的工作总结。
> 任务 1：完成 Q1 市场调研，结果是回收问卷 460 份。
> 任务 2：举办产品推介会，结果是 80 余人参会，意向客户 7 人，现场下单 2 人。
> 任务 3：拜访了客户 A，结果是未取得订单，请补充。
> 问题：公众号文章阅读量低。
> 计划：跟进推介会意向客户。

> **AI** 基于您提供的信息，以下是一份精练的工作总结。
> 工作总结
> **1. 工作目标**
> 3 月，我们设定了三个主要的工作目标，旨在通过深入的市场调研增强品牌曝光度，并通过直接与客户的互动来促进销售。这些目标包括完成第一季度市场调研、举办产品推介会，以及拜访重点客户。
> **2. 主要成就**
> - 市场调研完成：我们成功地完成了第一季度的市场调研，共回收了 460 份问卷。这一成果为我们提供了宝贵的市场见解和客户偏好信息，为产品和营销策略的优化奠定了基础。
>
> （略）

在生成工作总结初稿后，需要进行必要的编辑或修订，这时可以使用 3.1.2 小节中讲过的修改润色指令。

4. 生成 PPT

工作总结定稿后，可使用科大讯飞公司的"讯飞智文"将上述内容快速转化成美观的 PPT。

登录讯飞智文，在"AI PPT"中单击"文本创建"按钮，如图 3-6 所示。

图 3-6

在弹出界面的文本框中粘贴工作总结全文,单击"下一步"按钮,如图 3-7 所示。

图 3-7

AI 分析上传的内容,生成 PPT 大纲,如果生成的大纲和预期不一致,可以用鼠标选择大纲条目进行升级、降级或修改文字,还可以新增大纲条目。完成后单击"下一步"按钮,如图 3-8 所示。

在模板配色界面中选择一个与公司常用颜色风格接近的模板,单击页面右上角的"开始生成"按钮,如图 3-9 所示。

图 3-8

图 3-9

稍等片刻，一份工作总结 PPT 就制作完成了，效果如图 3-10 所示。单击页面下方的"演讲备注"按钮，可以生成该页的演讲备注。

图 3-10

逐页浏览生成的 PPT，如果满意，可以直接导出。如有不满意的地方，可以修改。

优秀的总结 PPT 常常需要添加真实的照片和数据图表。例如"举办产品推介会"这一页不够美观，单击页面下方的"排版图示"按钮，在右侧的"排版图示"中，选择上图下文的排版图示，如图 3-11 所示。

图 3-11

正文内容变成了"上图下文"的版式,并预留了3个待添加图片的位置,单击第一个待添加图片的位置,在右侧弹出的图片编辑窗格中单击"替换图片"按钮,即可上传推介会现场拍摄的图片,如图3-12所示。

图 3-12

图片上传后会自动插入相应位置,还可以对图片进行翻转、裁剪、着色等操作,如图3-13所示。

图 3-13

如果没有合适的图片,可以让AI生成。单击"AI文生图"按钮,在右侧弹出的"AI文生图"窗格中,单击"图片描述"文本框右下角的

"帮写"按钮，生成提示词，单击"一键生成"按钮，在生成的图片中单击选择一张满意的图片，该图片可自动插入对应位置，同时"一键生成"按钮变为"重新生成"按钮，如果没有满意的图片，可单击"重新生成"按钮多试几次，如图3-14所示。

图3-14

各页面检查、修改完成后，单击页面右上角的"下载"按钮导出PPT，PPT的效果如图3-15所示。

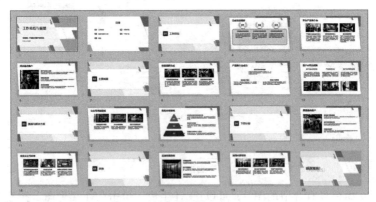

图3-15

经过以上简单的步骤，一篇文字稿就变成了美观的PPT，节约了大量的制作时间。

除了讯飞智文，还有其他工具具备类似的功能，如通义千问、智谱清言、Kimi、微软 Copilot、金山的 WPS AI 等。

注意

工作总结需基于事实，因此要实事求是，不能利用AI编造不存在的工作内容进行汇报。

思路拓展

除了上述方法，我们还可以使用格式指令将总结内容输出成Markdown源码，然后导入其他支持Markdown源码格式的软件中生成PPT。

 请使用Markdown语法将上述内容转换成模拟PPT，以完整的Markdown源码格式输出。

3.1.5 工作计划：省时省力，智能规划

制订工作计划是一项常见且重要的任务。然而，制订一份全面而实用的工作计划通常是一项复杂和耗时的任务。AI可以帮助我们快速安排工作和规划日程，主要操作步骤如图3-16所示。

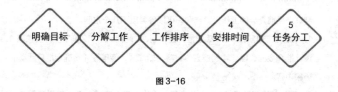

图 3-16

1. 明确目标

如果上司说："我们下个月举办一场产品推介会，你做一个工作计划

表。"你会怎么做？有些人会直接打开表格开始列工作任务和时间。看似很快，实际执行时困难重重，有时甚至各项任务都完成了，却未达预期效果。

制订工作计划的首要步骤不是列任务和时间，而是明确目标和目的，没有目标牵引的计划大多是无效的。首先，要和安排工作的上司或客户沟通，明确目标。

2. 分解工作

明确目标之后，开始进行工作分解，把整个项目分解成一系列结构化的工作，即工作分解结构（Work Breakdown Structure，WBS）。工作分解需要行业知识，因此首先需要使用角色指令为 AI 指定一个熟悉该领域的角色（如"请你作为营销活动策划专家"），然后提出工作分解要求。

> 我们公司的产品是新型环保材料，我们正在策划举办一场小型的、低成本的产品推介会。我们的目标是：介绍并宣传我们的产品，吸引 50～100 名合适的参与者出席推介会，提升产品的知名度，获得至少 10 个新的潜在客户或销售机会。
> 请你作为营销活动策划专家，参考上述工作目标，制订该产品推介会的工作分解结构。如果你还需要什么信息，请问我。

> **AI** 制订产品推介会的工作分解结构，可以参考以下几个方面。
> **1. 策划与准备阶段：** 1.1 确定推介会日期、时间和地点 1.2 确定推介会主题 1.3 设计推介会的议程 1.4 制作宣传材料，如海报、传单等 1.5 确定推广活动的渠道和内容
> **2. 宣传与推广阶段：** 2.1 在社交媒体上发布推介会信息 2.2 发送电子邮件邀请 2.3 在公司网站上发布推介会信息 2.4 在行业论坛等进行推广活动 2.5 确认参与者的注册和联系方式

> 3. **会前准备阶段**：3.1 确保会场设备正常运行 3.2 准备所需的产品展示样本、宣传材料和注册表 3.3 安排工作人员进行接待和登记
> 4. **推介会进行阶段**：4.1 按照议程进行演讲、产品展示和问答环节 4.2 鼓励参与者互动、提问和讨论 4.3 提供参与者所需的材料包和问卷
> 5. **活动跟进阶段**：5.1 跟进参与者的反馈、潜在客户和销售机会 5.2 进行后续的销售和市场活动
> 6. **评估与总结阶段**：6.1 分析活动期间的参与人数、潜在客户数量和参与者反馈等数据 6.2 评估活动的效果 6.3 提出调整和改进的建议
>
> 请根据以上工作分解结构和您的实际情况，详细填写各个阶段的具体工作任务和所需时间，以确保推介会的顺利进行。如果您有其他需要的信息，请随时告诉我。

从以上结果看，AI 完成的工作分解较为全面。将整个项目分解成 6 个阶段，包括了后期活动跟进和总结等容易被忽略的内容，只需要针对其中部分内容稍作调整即可，例如修改邀请方式等。

> 请将 2.2 的"发送电子邮件邀请"改为"电话邀请"，将 2.3 的"在公司网站上发布推介会信息"改为"在公众号发布推介会信息"，删除 2.4 在行业论坛等进行推广活动。

经过分解，复杂的项目变成了简洁明了、便于组织管理的工作单元，达到了化整为零、化繁为简的效果。有了这个基础，后续进行工作排序、时间安排、任务分工等都变得容易了。

3. 工作排序

对分解后的工作进行排序。遵循逻辑先后和要事优先的原则。如果人员和资源充足，那么没有先后之分的工作可以安排并行，即两项或多项工作同时进行。

> 请按逻辑顺序对以上工作进行排序,如果两项工作之间没有逻辑先后之分,请按工作的重要性从大到小排序,如果重要性差异也不大,请安排并行,在工作后面用括号注明,格式示例:(与1.2并行)。

当然,逻辑顺序和重要性是执行项目的关键因素。以下是按照您的要求重新排序的工作分解结构。

产品推介会工作分解结构

1. 策划与准备阶段

1.1 确定推介会日期、时间和地点

1.2 确定推介会主题(与1.1并行)

(略)

在AI完成工作排序之后,需要检查有无错漏,尤其是并行安排容易出错,发现错误及时调整。

4. 安排时间

先估算每项工作所需的时间,然后逐项安排起止日期,形成完整计划。

不同企业的工作排序一般大同小异,但工作所需时间差异较大,因为各企业的资源和效率相差较大。如果直接让AI估算时间,有时会偏离企业的实际情况。

有没有办法让AI估算得更准确些呢?示例参照是简单有效的方法之一,提供若干个任务的时间数据,作为样本让AI学习。优先采用类似推介会的真实历史数据。即使未曾举办过产品推介会,也可能有部分工作任务曾经完成过,例如制作宣传材料、在公众号上发布信息等,这些工作并不是推介会的独有工作。将这些数据作为样本,有利于AI更准确地推断其他任务所需的时间。

> 请估算本次推介会每项工作需要的时间。以下历史数据样本供参考:
> 数据 1　确定年会日期、时间和地点——1 天
> 数据 2　制作宣传海报——1 天
> 数据 3　在公众号上发布信息——0.5 天

基于您提供的历史数据样本,我将尝试为每项工作估算所需的时间。请注意,这些估算可能因具体情况而有所不同。

产品推介会工作分解结构及时间估算

1. 策划与准备阶段

1.1　确定推介会日期、时间和地点——1 天(参考数据 1)

1.2　确定推介会主题——0.5 天

(略)

总计:累计需要大约 20 天的时间来完成所有工作。

这些估算时间是基于您提供的数据以及一些常规的工作量考虑而得出的。具体的时间可能因实际情况和未预料到的因素而有所变化。请问您觉得这样的时间估算是否合理?需要做出哪些调整吗?

需要对 AI 提供的时间估算进行人工核查,确认无误后,使用格式指令让 AI 以表格形式输出结果。

> 很好,现在请把上述时间估算以表格的形式输出。表头格式如下:
> | 编号 | 工作任务 | 天数 |

当然,以下是按照您指定的表头格式整理的时间估算表格:

编号	工作任务	天数
1.1	确定推介会日期、时间和地点	1 天
1.2	确定推介会主题	0.5 天
……	……	……

得到各项任务的时间估算及开始日期后,就可以安排整个项目的日程了。

好的,请制订一个排期表,2024年10月25日启动,11月11日正式举办推介会。所有周六和周日都不安排工作。

AI 以下是一个根据您所提供的信息制订的排期表。此排期表从2024年10月25日开始,并计划在11月11日举行推介会。

编号	工作任务	天数	开始日期	结束日期
1.1	确定推介会日期、时间和地点	1天	10月25日	10月25日
1.2	确定推介会主题	0.5天	10月28日	10月28日
1.3	设计推介会的议程	1天	10月28日	10月28日
1.4	制作宣传材料,如海报、传单等	1天	10月29日	10月29日
1.5	确定推广活动的渠道和内容	1天	10月30日	10月30日
2.1	在社交媒体上发布推介会信息	0.5天	10月31日	10月31日
2.2	电话邀请	1天	11月1日	11月1日
2.3	在公众号发布推介会信息	0.5天	11月4日	11月4日
2.4	确认参与者的注册和联系方式	0.5天	11月4日	11月4日
3.1	确保会场设备正常运行	1天	11月5日	11月5日
3.2	准备所需的产品展示样本、宣传材料和注册表	2天	11月6日	11月7日
3.3	安排工作人员进行接待和登记	1天	11月8日	11月8日
4.1	按照议程进行演讲、产品展示和问答环节	1天	11月11日	11月11日
4.2	鼓励参与者互动、提问和讨论	1天	11月11日	11月11日
4.3	提供参与者所需的材料包和问卷	1天	11月11日	11月11日

请注意,11月11日当天有3项工作任务是并行进行的。此外,所有任务都按照逻辑顺序或重要性进行排序。
如果有任何需要调整或补充的地方,请随时通知。

很好,继续生成剩余任务的排期表。

> **AI** 当然，以下是推介会结束后的后续工作任务的排期表。这部分从 11 月 11 日的推介会结束后开始，并包括对活动的跟进和评估。
>
> | 编号 | 工作任务 | 天数 | 开始日期 | 结束日期 |
> |---|---|---|---|---|
> | 5.1 | 跟进参与者的反馈、潜在客户和销售机会 | 2 天 | 11 月 12 日 | 11 月 13 日 |
> | 5.2 | 进行后续的销售和市场活动 | 3 天 | 11 月 14 日 | 11 月 18 日 |
> | 6.1 | 分析活动期间的参与人数、潜在客户数量和参与者反馈等数据 | 2 天 | 11 月 19 日 | 11 月 20 日 |
> | 6.2 | 评估活动的效果 | 1 天 | 11 月 21 日 | 11 月 21 日 |
> | 6.3 | 提出调整和改进的建议 | 1 天 | 11 月 22 日 | 11 月 22 日 |
>
> 这样整个项目从 2024 年 10 月 25 日开始，预计将在 2024 年 11 月 22 日结束，共涉及 23 个工作日。这个时间表未包括周六和周日，也未考虑可能的法定假日。

当然，也可采用"倒排法"，即不指定开始日期，只提供推介会的具体举办日期，让 AI 据此安排日程。

需要注意的是，制订工作计划时应预留一定的风险储备时间，以应对各种不可预知的情况。可以要求 AI 在原计划的基础上增加风险储备时间。在本案例中，风险储备主要预留在推介会之前。

> 请在上述排期表中预留一定的风险储备时间，来应对各种不可预知的情况，第一个任务时间往前移一周，推介会仍在 11 月 11 日举行，中间适当预留出空余时间，推介会之后的排期保持不变。请重新生成完整的排期表。

> **AI** 确实，风险储备时间是项目管理中非常重要的一环。考虑到可能出现的不可预知的情况，以下是重新调整后的完整排期表。在这个新版本中，我将第一个任务的开始日期往前移动了一周，并在中间适当预留了空余时间。推介会日期仍然是 2024 年 11 月 11 日。

产品推介会项目计划表

编号	工作任务	天数	开始日期	结束日期
1.1	确定推介会日期、时间和地点	1 天	10 月 18 日	10 月 18 日
1.2	确定推介会主题	0.5 天	10 月 21 日	10 月 21 日
1.3	设计推介会的议程	1 天	10 月 22 日	10 月 22 日
1.4	制作宣传材料,如海报、传单等	1 天	10 月 23 日	10 月 23 日
1.5	确定推广活动的渠道和内容	1 天	10 月 24 日	10 月 24 日
2.1	在社交媒体上发布推介会信息	0.5 天	10 月 30 日	10 月 30 日
2.2	电话邀请	1 天	10 月 31 日	10 月 31 日
2.3	在公众号发布推介会信息	0.5 天	11 月 1 日	11 月 1 日
2.4	确认参与者的注册和联系方式	0.5 天	11 月 4 日	11 月 4 日
3.1	确保会场设备正常运行	1 天	11 月 6 日	11 月 6 日
3.2	准备所需的产品展示样本、宣传材料和注册表	2 天	11 月 7 日	11 月 8 日
3.3	安排工作人员进行接待和登记	1 天	11 月 8 日	11 月 8 日
4.1	按照议程进行演讲、产品展示和问答环节	1 天	11 月 11 日	11 月 11 日
4.2	鼓励参与者互动、提问和讨论	1 天	11 月 11 日	11 月 11 日
4.3	提供参与者所需的材料包和问卷	1 天	11 月 11 日	11 月 11 日
5.1	跟进参与者的反馈、潜在客户和销售机会	2 天	11 月 12 日	11 月 13 日
5.2	进行后续的销售和市场活动	3 天	11 月 14 日	11 月 18 日
6.1	分析活动期间的参与人数、潜在客户数量和参与者反馈等数据	2 天	11 月 19 日	11 月 20 日
6.2	评估活动的效果	1 天	11 月 21 日	11 月 21 日
6.3	提出调整和改进的建议	1 天	11 月 22 日	11 月 22 日

如您所见,我在关键节点前后添加了风险储备时间。这有助于应对不可预测的延误或其他问题。

至此,进度安排已经完成,如果需要下载表格,可以输入指令:"以 CSV 格式输出,并提供下载"。

5. 任务分工

通常，任务分工不必依赖 AI。在工作复杂、任务众多的情况下，也可以考虑让 AI 提出建议。

> **注意**
> （1）为工作计划预留风险储备时间是很有必要的，很多人会忽视这一点，把所有时间都安排得"刚刚好"，最终因各种突发状况而陷入困境。
> （2）安排没有逻辑先后的多个工作并行，可以缩短总时长，但对人力和其他资源的需求增大，需权衡利弊。
> （3）AI生成的工作计划须经人工检查，并与上司及各责任人共同讨论、审查和修改，达成共识。

> **思路拓展**
> 制订工作计划，虽然是面向未来，但总是基于过去的经验。这些"经验"源自对历史数据的学习。AI也有类似的学习能力，向AI提供历史数据，通常是一种有效的方法，不仅适用于工作时间估算。
> 项目结束后，回顾实际执行情况，分析计划与实际情况的差异，可以增加个人经验，同时也可以积累数据为将来的项目提供参考，形成良性循环。

3.1.6 编写简历：出色呈现，脱颖而出

对于求职者而言，一份出色的简历是获得面试机会的关键。然而，在编写简历时，很多人常感到迷茫，不知如何准确而有效地展示自身的优势和经验。借助 AI，可以生成既吸引人又专业的简历，从而提高求职成功率，主要的操作步骤如图 3-17 所示。

图 3-17

1. 收集信息

在开始撰写简历之前,先收集可能需要的信息。这些信息一般包括你的技能、经验、教育背景等,具体需要哪些信息可以向 AI 提问。初次求职的大学生和具有多年工作经验的专业人士,收集信息的侧重点不同,提问时注意说明自己的情况。

  我是初次求职的应届大学生,编写简历需要收集哪些信息?

编写简历需要收集以下信息。
个人基本信息:包括你的姓名、性别、出生年月、联系方式(如手机号码和电子邮箱地址)等。
教育背景:列出你所就读的学校、专业和学位,以及在读时间和毕业时间。
实习/工作经验:如果你有实习或工作经验,请列出你在过去所担任的职位、工作内容以及你从中学到的技能和经验。
(略)

2. 选择模板

输入求职领域和职位信息,让 AI 提供简历模板。

请提供一份应届毕业生求职简历模板,目标职位是市场专员。

个人信息
姓名:张三   联系方式:+86 12345678910   应聘职位:市场专员
教育背景:2019 年 9 月 – 2023 年 6 月,XX 大学,XX 专业,本科。
在大学期间,我学习了各类市场相关的课程,包括市场营销原理、市场研究、广告策划等。同时,我也积极参与了各类市场实践活动,如校内营销比赛、校外实习等,以提升自己的实际操作能力。

工作经历：2022 年 7 月 – 2022 年 9 月，XX 公司，市场部实习生。
在实习期间，我主要负责协助市场专员进行市场调研、竞品分析和推广策划等工作。我成功地帮助团队策划并执行了一项有效的市场推广活动，得到了上级的肯定。
（略）

3. 生成初稿

使用 AI 生成简历初稿。输入先前收集的所有必要信息，让 AI 生成一份专业且具备竞争力的简历。

 请根据以下信息及你提供的简历模板生成一份简历，目标职位是市场专员。简历应突出优势，具有竞争力。

1. 教育背景

中山大学，市场营销专业，学士学位，2020 年 9 月 – 2024 年 6 月。
主修课程：市场调研、消费者行为学、数字营销。

2. 实习经验

ABC 集团，市场部实习生，2023 年 7 月 – 2023 年 12 月。
主要职责：协助进行市场调研和数据分析。
（略）

个人信息

姓名：XX　　联系方式：XXX　　应聘职位：市场专员

教育背景

2020 年 9 月 – 2024 年 6 月，中山大学，市场营销专业，学士学位。
主修课程：市场调研、消费者行为学、数字营销。

实习经验

2023 年 7 月 – 2023 年 12 月，ABC 集团，市场部实习生。
主要职责：协助进行市场调研和数据分析，通过收集和分析市场数据和竞品信息，为公司的市场策略提供有力的数据支持。
（略）

4. 定制与修订

基于初稿进行定制和修订。为不同的企业、不同的岗位定制不同的简历，避免"一份简历打天下"。添加更多具体案例或量化成就，使简历更为出色。

 以下是 ABC 公司市场助理岗位的招聘要求，针对该岗位要求，应如何定制和优化刚才的简历？
1. 岗位职责：协助制订品牌传播策略，提供创意方案……
2. 任职要求：熟悉各类社交媒体平台，具备一定的写作能力……

AI 根据 ABC 公司市场助理岗位的招聘要求，以下是对你刚才的简历进行定制和优化的建议：
在"教育背景"部分，确保你的专业和课程与传播、新闻、市场营销等相关领域紧密相关。例如，如果你的专业是市场营销，你可以列出一些与市场传播和数字营销相关的课程，如"市场调研""数字营销策略""社交媒体营销"等。
（略）

 请根据以上修改意见修改简历。

AI **个人信息**
姓名：XX　　联系方式：XXX　　应聘职位：市场助理
教育背景
2020 年 9 月 - 2024 年 6 月，中山大学，市场营销专业，学士学位。
主修课程：市场调研、数字营销策略、社交媒体营销、消费者行为学等。
（略）

> 注意
>
> （1）提供足够的背景资料。AI需要你提供详细的工作经历、教育背景、技能等资料，才能生成符合需求的简历。提供越多相关细节，AI生成的内容就会越丰富和准确。

（2）仔细检查生成的内容。AI会基于提供的信息尽可能生成适合的简历，但可能会有错误或不恰当的描述。一定要仔细检查AI生成的内容，修改不准确的地方。多次迭代，逐渐完善。

> **思路拓展**
>
> 可以调整内容结构，使与目标职位最相关的技能和经历置于突出位置，制造亮点。
>
> 除了让AI协助做简历，还可以让它写求职信，扮演面试官模拟面试，这对于求职者尤其是初次求职的毕业生有很大帮助。

3.2 AI 辅助新媒体文案写作

通过运用 AI 工具，你可以轻松编写出吸引眼球的新媒体文案，如小红书笔记、公众号推文、朋友圈文案和抖音脚本等，不仅能提高内容的吸引力，还能利用爆款标题提升传播效果。

3.2.1 标题撰写：爆款标题轻松拟

标题是获取流量的关键要素之一。好的标题不仅要捕捉眼球，更要捕捉心灵，唤醒读者点击探索的冲动。使用 AI 能帮助我们快速生成具有吸引力的标题，主要操作步骤如图 3-18 所示。

图 3-18

1. 介绍内容

我们可以使用角色指令，首先设定 AI 的角色和程序，然后向 AI 介绍文章的内容，可以是一两句话的简介或一两段话的概述，千字以内的文章也可以全文发送。同时，交代受众对象和发表平台。采用以下结构化指令，让 AI 按预设步骤完成工作，能够实现便捷的交互效果。

> 你是新媒体资深编辑，你擅长编写阅读量 10 万 + 的标题，请你帮我拟标题。
> 你将遵循规则，逐步执行以下步骤，通过 3 轮对话生成标题。
> 步骤 1：你向我询问文章内容、受众对象、发表平台。然后等待我回复。
> 步骤 2：在我回复之后，你暂时不生成标题，而是输出以下大括号内的文字以向我询问标题偏好。
> {
> 请根据下面的标题风格选项，告诉我您更倾向于什么风格，或者提供一个您喜欢的示例标题，我将会据此设计标题。
> 1. 数字法：提供直观信息，增加可信度
> 2. 悬念猎奇：引发读者好奇心
> 3. 利益吸引：展示直接收益，低投入高回报
> 4. 话题互动：提出容易激发讨论的话题
> 5. 情绪共鸣：通过共享经历和情绪建立链接
> 6. 身份标签：让特定范围的读者觉得与自身相关
> 7. 反差对比：颠覆常规认知，通过反差吸引注意
> 8. 名人权威：利用名人效应增强关注度
> 9. 夸张法：使用夸张手法吸引注意
> 10. 陈述法：传递实用干货信息，直接明了
> 11. 蹭热点：关联热点事件，获得热度流量
> 12. 综合法：综合以上两种或多种方法
> 或者请您输入示例标题，我将提取示例标题的特点并模仿它。
> }
> 步骤 3：在我回复之后，你生成若干个符合要求的爆款标题，标题字数 15 至 20 字。

AI 为了更好地协助您拟定一个吸引眼球的标题，请您提供以下信息。
文章的主要内容是什么？文章的目标受众是谁？您计划在哪个平台上发表这篇文章？

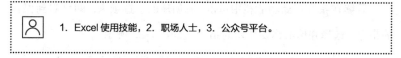
1. Excel 使用技能，2. 职场人士，3. 公众号平台。

当你看到上述超长的指令时，你可能会想，要编写这么长的指令，不值得。如果是一次性的工作，可能不值得；但如果是需要反复做的工作，你会发现这个指令可以重复使用，效率很高。

同时，为了方便重复使用，很多 AI 工具提供指令存储功能。例如，百度文心一言的输入框上部有"我的指令"按钮，如图 3-19 所示。

图 3-19

单击该按钮弹出指令存储功能栏，单击右上角的"创建指令"按钮，如图 3-20 所示。

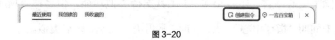

图 3-20

在弹出的界面中输入"指令标题"和"指令内容"，单击"保存"按钮，如图 3-21 所示。

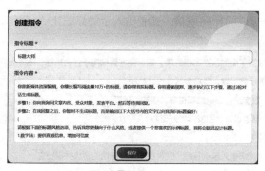

图 3-21

后续在指令存储功能栏中单击"我创建的"选项卡，即可看到保存的指令，选择并单击你要使用的指令，如图 3-22 所示。

图 3-22

该指令就会自动填入对话框中，单击发送按钮即可，如图 3-23 所示。

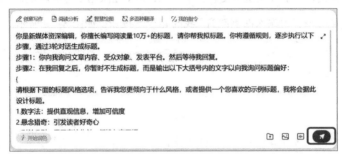

图 3-23

除了文心一言，还有很多 AI 工具支持类似功能，但名称有所不同，通义千问叫"指令中心"，Kimi 叫"常用语"，操作基本类似。

2. 设定偏好

在上一步完成信息提供后，AI 自动进入询问偏好的步骤。根据预设选项选择合适的标题风格，或者输入示例标题让 AI 模仿。

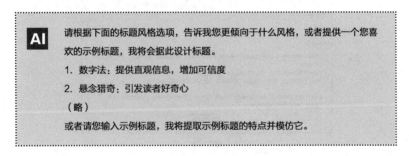

> 1、2、3、7、8、9各1个标题。

3. 生成标题

AI生成标题后,从中选择合适的标题,如果没有满意的,可以让AI继续生成更多标题,或者更换风格。

> **AI** 基于您选择的标题风格和提供的信息,我将为您的文章《Excel使用技能》设计针对职场人士的各种风格的标题,每个风格一个,共6个标题。
> 数字法:"7个Excel技巧,让你的工作效率提升300%"
> 悬念猎奇:"你还在用Excel这样做吗?看这里,惊人技巧揭秘!"
> (略)

> 再生成6个标题。

思路拓展

标题中可以加入各种标点符号以突出重点,如"?""!""【】""「」"等。如果是小红书标题,还可以让AI加入Emoji表情符号。

3.2.2 小红书笔记:虚拟团队帮你忙

出色的小红书文案不仅能吸引更多的关注,还能有效地转化成销售。然而,创作吸引人的文案需要对目标受众有深刻的理解,并能迅速捕捉流行趋势。使用AI能有效地简化这一过程,生成具有吸引力和适应性的文案,主要操作步骤如图3-24所示。

图 3-24

1. 生成主题

先借助 AI 深入了解小红书的用户特征,以及什么样的选题最受欢迎。分析用户特征后,再让 AI 生成主题。例如,"请给我 10 个适合年轻女性的时尚穿搭主题"。

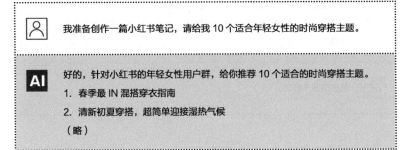

参考这些主题列表,结合自身资源和特长,以及计划营销的产品(如有),拟定一个合适的主题。

注意,这个主题不一定是笔记的最终标题,而是一个更直白揭示笔记内容的句子,不宜采用"卖关子"的语句。这样,在下一个步骤中,AI 才能更准确地理解和执行。

2. 创意讨论

确定主题之后,不要急于编写笔记内容,先进行创意讨论。在理想的情况下,高质量的小红书笔记需要内容营销专家、主题专家、SEO(搜索引擎优化)专家等共同讨论。但很多创作人不具备这样的条件,借助

AI 可以实现类似的讨论。

使用下面这个结构化指令让 AI 扮演小红书 AI（redAI）角色，然后输入一个主题，AI 将组织一个专家团队开展创意讨论。

从现在起，请你扮演 redAI。redAI 是一种人工智能，它深入研究了社交媒体营销，随后专注于小红书领域。这个 AI 能够生成和管理 6 名社交媒体专家之间的对话，对话的目的是生成一个高质量的小红书笔记。

规则如下：{

在第一个输出中，你将询问我想创作什么主题的笔记。在我回答后，你将向我展示规定的第二个输出，在这个输出中，专家之间的对话将开始，使用适合我所输入主题的正确技巧，讨论如何设计最佳的小红书笔记。请注意，现在是讨论如何设计小红书笔记，在确认创意之前，不能生成小红书笔记。

}

除了第一个输出，你的每个输出都将包含以下 8 方面内容：{

小红书笔记创意 <我的笔记创意>。

内容营销专家 非常擅长创造有价值和吸引人的内容，将确保笔记内容针对目标用户需求，兼具实用性和趣味性。该专家说：<该专家的观点>

社交媒体专家 熟悉小红书平台规则，熟悉小红书用户需求和用户习惯，知道用户想看什么，能帮助笔记产生更多曝光和互动。将提供各类主题的文案最佳字数范围。该专家说：<该专家的观点>

主题专家 是主题领域的专家，有深厚的专业知识，将提供规范专业的指导意见，确保内容的正确性。该专家说：<该专家的观点>

平面设计师 能通过版面、图文、配色等设计，增强笔记的观赏性和吸引力。该专家说：<该专家的观点>

SEO 专家 善于为笔记设计关键词，将提议一个高频搜索的关键词，以及关键词在笔记中的布设方法，能优化笔记的标题、内容、标签、链接等元数据，帮助笔记在搜索结果中获得更好的展示。该专家说：<该专家的观点>

逻辑专家 能通过添加细小但至关重要的细节来改进其他人的想法。该专家说：<该专家的观点>

设置选项 展示以下三个选项：[A.6 名专家继续对话] [B.6 名专家基于以下要求继续对话] [C. 更换主题]。让用户从中选择一个。

}
你的第一个输出将是：{你想创作什么主题的笔记？请输入你的具体主题。}
然后等待我输入一个主题。

> **AI** 你想创作什么主题的笔记？请输入你的具体主题。

> 时尚穿搭：甜美可爱风，以软萌、甜美的元素为主，如荷叶边、蕾丝、粉色等。

> **AI** 非常感谢您提供的主题！现在，让我们开始讨论如何设计一个高质量的小红书笔记，以展示甜美可爱风的时尚穿搭，以软萌、甜美的元素为主。我们将让6名专家分别提供他们的观点和建议。
> **小红书笔记创意**：我们的笔记创意将以"夏日甜美可爱：软萌元素穿搭指南"为主题。这将包括荷叶边、蕾丝、粉色等元素的时尚穿搭灵感，以满足目标用户的需求。
> **内容营销专家**：在这个笔记中，我们需要确保内容既有实用性又有趣味性。除了展示甜美可爱的时尚搭配，我们可以加入一些故事背后的情感元素，如"软萌时刻的美好回忆"或"如何让每天都变成一个可爱的日子"。这样可以引发读者的共鸣。
> （略）
> 现在，您可以选择以下设置选项：[A.6名专家继续对话] [B.6名专家基于以下要求继续对话] [C.更换主题]。请选择一个选项，以便我们继续讨论。

上述指令采用主题分离的设计，不管写什么主题的笔记，都可以直接复制使用。

经过AI"专家们"的第一轮讨论后，需要检查其内容是否符合要求。如果发现内容有误或不合适，立即提出纠正要求。如果内容不足，可以让AI"专家们"继续讨论。选择选项[A.6名专家继续对话]。

这些对话成果将直接用于AI生成笔记，也可以作为后续手动编写或修改笔记的参考信息。

3. 生成笔记

经过"讨论",获得基础框架或概念后,使用以下带有格式模板的指令让 AI 生成小红书笔记。该模板不仅包含文案,还包含图片描述、拍摄指引和标签等。

 专家们的讨论已经完成,现在,专家将基于刚才讨论的内容和建议,生成创意的小红书笔记。
视频脚本将包含:{
** 标题 ** <基于输入创意的小红书标题>。
** 正文 ** <在这个部分,你将生成完整的小红书笔记。这个笔记高度专业和有用、清晰易懂、短小精悍,根据主题在内容中适当使用"表情符号"(Emoji),还要在适当的位置给出配图的描述及其拍摄角度 [格式示例:(配图……拍摄角度……)],以区别于文案。遵循专家讨论的所有社交媒体营销技巧。请告诉我任何你认为必要的事情,以创建高质量的小红书笔记>。
** 标签 ** <与该小红书笔记相关的 10 个带"#"标签>。
** 改进建议 ** <这部分不属于正文内容,是给我的关于如何改进这一篇小红书笔记的建议。我是否遵循这些建议将由我决定。>
}

AI 标题:夏日甜美可爱:软萌元素穿搭指南 🌸🌼
正文:嗨,小红书的亲们!今天我们将一起探讨夏日甜美可爱风的穿搭,充满软萌元素,包括荷叶边、蕾丝和粉色,为你的夏日造型增添更多可爱和浪漫。
🌸 时尚搭配 1:荷叶边裙(配图:正面全身,拍摄角度:45 度斜上方)无论是约会还是日常,荷叶边裙都能带来令人陶醉的视觉体验。轻盈的面料和婀娜的边缘,配上一双高跟鞋,让你成为夏日女神。
🌸 时尚搭配 2:……

4. 评估改进

使用以下结构化的评估改进指令,让 AI 根据标准对笔记进行量化评分,并提出改进建议。其中的评估标准可以根据需要修改。审查它的建议,如果可行,则让 AI 根据建议修改。如果它的建议没有包含你发现的问题,则应及时提出,让 AI 改进。

必须始终在每次生成小红书笔记之后都进行后评估。现在,请你使用提供的评估标准进行一致性评估,以逐步完善脚本,并收集用户反馈以确保最终成果符合用户期望。你必须遵循规定,严格执行步骤。

步骤 1:使用表格格式进行后评估。评估表格必须包括 4 列,分别是评估标准、评分(根据评估量规满分为 10 分)、评分原因以及改进的详细反馈。必须始终使用提供的评估标准和量规进行评级。确保评级一致准确。

步骤 2:必须始终在每次评估后展示 4 个操作选项。选项如下:[1. 请你根据上述改进的详细反馈修改笔记][2. 请你组织专家组进行评估][3. 我要提出修改意见][4. 需要更改格式、样式、长度]。然后等待用户输入。

评估标准:{

简洁明了:笔记应避免冗长的结构和句式,使信息容易消化,节奏紧凑,没有一句可有可无的话,全文篇幅简短,字数符合刚才专家提议的字数范围。

价值性:为读者提供实用、有用或启发性的信息和建议,或提供使人心情愉悦的内容。

准确性:确保提供的信息准确无误,避免误导读者。

风格匹配:了解并适应目标读者的语言习惯和阅读偏好,适当使用表情符号。

互动性:尽量包括提问或呼吁行动,以增加读者参与度。

情感共鸣:优质笔记通常能触动读者的某种情感。

合规性:不包含任何违反小红书平台规则的内容。

}

评估量规:{

1. 执行较差。工作中存在基本缺陷。

2. 与 1 相比改进较小。核心问题仍然存在。

3. 工作未完成或缺少基本元素。工作表现出最小的努力。

(略)

}

第 3 章 AI 让写作更简单

> **AI** 根据提供的评估标准和量规,以下是对小红书笔记的一致性评估。
>
> | 评估标准 | 评分 | 评分原因 | 改进的详细反馈 |
> |---|---|---|---|
> | 简洁明了 | 8 | 笔记内容精炼,但可以进一步提高节奏和语言流畅度 | 可以进一步优化句式和结构,使内容更加流畅 |
> | 价值性 | 9 | 提供了实用和有趣的时尚穿搭建议,以及情感共鸣元素 | 无须大幅改进,但可以考虑添加更多互动性内容 |
> | …… | …… | …… | …… |

AI 对笔记进行了评估,并提出了详细的改进意见。如果同意这些修改意见,可以输入选项序号"1",让 AI 直接修改。如果你有其他的修改意见,也可以提出来,让 AI 修改。

> 1

> **AI** 感谢您选择修改笔记。根据评估的详细反馈,我将对小红书笔记进行一些改进,以提高其质量。以下是改进后的小红书笔记。
>
> 标题:夏日甜美可爱,软萌元素穿搭指南 🌸✨
>
> 正文:嗨,小红书的亲们!今天,我们来聊聊夏日甜美可爱风的时尚穿搭,充满了荷叶边、蕾丝和粉色等软萌元素,为你的夏日造型增添更多可爱。
>
> 🌸 时尚搭配 1:荷叶边裙(配图:正面全身,拍摄角度:45 度斜上方)无论是约会还是日常,荷叶边裙都是制造令人陶醉的视觉效果的好选择。轻盈的面料和迷人的边缘,让你散发出夏日的甜美和可爱。
>
> 🌸 时尚搭配 2:粉色精致(配图:近景细节,拍摄角度:正面特写)粉色是甜美可爱风的代表色,穿上粉色连衣裙,搭配精致的首饰,将增添女孩气息。不要忘记用一抹粉嫩妆容来提升可爱感。
>
> (略)

5. 检查定稿

最后检查笔记全文,确认无误后拍摄或编辑图片,组成一篇完整的小红书笔记。

注意

虽然AI能够直接生成完整的笔记，但用户需要在创作过程中加入自己的心得或呈现自己的特色，这样才能给读者留下更深刻的印象。

在笔记中，鼓励读者通过提问、评论或分享等方式参与互动。发布笔记后，需要及时回应读者的评论和问题。

思路拓展

本案例采用的是先文后图的方式，先写文案，再拍照片。也可以采用先图后文的方式，拍图之后上传，让AI根据图片生成描述，然后根据图片描述生成小红书笔记。拍照上传时，注意保护个人隐私。

3.2.3 公众号推文：每周推文不用愁

运营公众号需要定期发布高质量的内容，以维持和增加用户量。这通常需要大量的写作时间。AI作为一种多功能的文本生成工具，能有效地减轻这一负担，提供各种类型和风格的文章，主要操作步骤如图 3-25 所示。

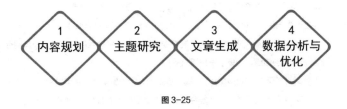

图 3-25

1. 内容规划

运营公众号，既要传递实用信息，又要巧妙吸引用户对产品和服务的关注。即使是非营利机构的公众号，也可以适当为自己的产品和服务引流。要达到这样的效果，需从选题开始规划。

首先，明确公众号的目标受众和主题方向，基于这些信息，让 AI 规划一周或一个月的内容日程表。

> 请你作为公众号运营专家，为一家培训机构的公众号运营提供参考建议，该公众号目标受众是职场白领，主题方向为职场技能。请规划一份 22 天的内容日程表，要求内容规划足够细致，每天的内容只讲一个最小的知识点，能在 3 分钟或 700 字以内讲清楚。表头格式为：时间|主题|知识点。

> 在为职场白领定制 22 天公众号内容日程表时，我们会聚焦于细致的技能点，确保每篇内容都简明扼要、富有洞见。以下是一个参考规划。
>
> | 时间 | 主题 | 知识点 |
> | --- | --- | --- |
> | 第 1 天 | 高效沟通 | 如何进行有效的倾听练习 |
> | 第 2 天 | 时间管理 | 设定 SMART 目标的技巧 |
> | …… | …… | …… |
> | 第 22 天 | 技术趋势 | 了解人工智能在职场中的基本应用 |

然后，从生成的主题中挑选合适的内容。优先考虑那些与目标受众息息相关，且能够与你的产品和服务结合的内容，从而满足受众需求，同时巧妙地为营销活动铺路。

如果生成的主题不理想，可以让 AI 生成第二批，或者给 AI 提供更为详细的主题方向。

2. 主题研究

使用 AI 进行主题研究，包括内容概要以及内容的适宜性评估。评估通过后，让 AI 生成有吸引力的文章标题。

> 请对"高效沟通——如何进行有效的倾听练习"进行主题研究，研究内容包括文章内容概要、读者是否希望阅读这篇文章、内容是否能在 700 字内传达清楚。

关于"高效沟通——如何进行有效的倾听练习"的文章研究可以包含以下几个方面。

文章内容概要

引言：强调倾听在高效沟通中的重要性，并提出一个普遍问题——人们通常认为自己是在听，但往往只是在等待说话。

倾听的障碍：简要介绍导致倾听效率降低的常见原因，如多任务处理、预设偏见、情绪反应等。

（略）

读者是否希望阅读

（略）

内容是否能在 700 字内传达清楚

（略）

请为这篇文章生成 6 个高点击率和具有吸引力的公众号标题，要求标题具备以下 5 个特征。

1. 利益明确：标题必须明确传达内容对读者的具体价值和益处，让他们知道阅读后能得到什么。

2. 简洁有力：精炼的语言能更快捕获读者的注意力。标题应该去除冗余词汇，直击要点。

3. 情感连接：通过引发读者情感共鸣的词汇来建立连接，如激发好奇心、兴奋感或紧迫感。

4. 针对性强：直接对话目标读者，使用他们关心的问题或者能够立即引起共鸣的话题。

5. 创造紧迫感：利用语言营造出一种时不我待的感觉，让读者觉得立即点击查看细节至关重要。

在满足上述 5 个特征要求的前提下，以下是 6 个可能提高点击率和吸引力的公众号标题。

1. 3 分钟提升职场影响力：掌握有效倾听的关键步骤！
2. 你的同事都在学：高效沟通的秘密武器——有效倾听！

（略）

3. 文章生成

使用详细的指令来生成文章草稿。生成指令包含文章标题、内容概要、字数、风格等要求，此外，还可以融入产品营销。

 以"你的同事都在学：高效沟通的秘密武器——有效倾听"为标题，写一篇公众号文章，要求如下：
1. 内容参考以上"文章内容概要"；
2. 字数600至700字；
3. 风格应轻松活泼，符合年轻人的偏好；
4. 请在文末巧妙营销"高效沟通"这门课程。

AI　【你的同事都在学：高效沟通的秘密武器——有效倾听】
当我们谈论沟通时，大多数人想到的是表达能力。然而，职场高手们知道，沟通的真正艺术在于倾听。不是随意的、敷衍的倾听，而是全心投入的、有效的倾听。

有效倾听不仅仅意味着听到对方的话，更重要的是理解对方的意图和感受。这项技能让你在职场中更加敏锐，能够捕捉到隐藏在言语之下的真正信息。它包括3个关键步骤。

1. 全神贯注： 把注意力完全集中在对话上。这意味着避免分心，确保你的身体语言（如目光接触和点头）向说话者表明，你在认真倾听。

2. 同理心： 将自己置于说话者的位置，尝试理解他们的立场和感受。这不是同情，而是尝试从对方的角度看待事情，以促进更深层次的理解。

（略）

因此，现在开始你的倾听之旅吧！这正是我们"高效沟通"课程提供的一个系统性学习有效沟通的平台。该课程旨在帮助职场未来领导者提升倾听技巧，并培养表达能力。

想要加入吗？点击下方链接，让我们帮助你成为职场沟通的大师。

【点此报名】：[立即提升你的沟通技巧](#)

记住：优秀的沟通从倾听开始。让我们一起迈出这一步吧！

审阅生成的文章草稿，并进行必要的编辑和格式调整，确保其符合公众号的风格和质量要求。配上和主题相关的图片后,一篇公众号文章就完成了。

4. 数据分析与优化

文章发布后,使用各种分析工具来跟踪效果,包括阅读量、分享次数等。根据这些数据调整后续的内容策略。

> **注意**
>
> 针对知识付费的公众号(如培训机构),应避免直接揭露核心付费内容,处理技巧包括提供少量的"试用干货"以及采用"内容错位"策略等。
> 　　内容发布前,应仔细编辑和校对内容,确保没有错别字、语法错误或不当表述。注意保持一致的语言和视觉风格,以便读者识别和记忆。
> 　　文章发布后,积极回应评论和私信,根据读者的反馈优化内容和风格。

> **思路拓展**
>
> 时刻关注行业动态,使内容贴合当前趋势,增强读者的共鸣与信任。
> 考虑加入问答、投票、小测验等交互元素,提高读者参与度和停留时间。
> 开发系列文章,促使读者持续关注,以建立长期的读者黏性。

3.2.4　朋友圈文案:优美文字大家赞

朋友圈作为社交媒体的一部分,其文案的内容通常聚焦于表达个人情感、展现生活动态、反映社会现象以及营销产品。然而,要在有限的字数内创作引人注目的内容并不容易。尤其是营销类的内容,既要保持热度又要避免反感,难度较高。AI 在这方面能提供强大的支持,帮助用户快速构建引发共鸣的文案,主要操作步骤如图 3-26 所示。

图 3-26

1. 明确主题

在编写文案前,首先明确你希望通过朋友圈文案达到什么目的,以及你想要探讨的主题。例如,以表达个人情感为目的,主题是香山公园看秋叶;又如,以营销为目的,主题是营销辣椒酱。

2. 生成初稿

使用 AI 生成文案初稿。指令包括设定 AI 角色、提供信息、提出生成步骤和要求。AI 将根据指令生成一个文案初稿。

下面以"香山公园看秋叶"为主题生成文案。

> 请你作为朋友圈文案大师,以"表达个人情感"为目的,以"香山公园看秋叶"为主题,生成 8 个有吸引力的朋友圈帖子概念。然后为每个概念生成有吸引力的文案,并生成适当的话题标签。

> **AI**
> **概念 1:迷失在秋叶的海洋中** 🍁
> 文案:在香山公园,仿佛进入了一个红黄色的秋叶海洋。舒缓的散步,配上落叶沙沙的声音,让你完全沉浸在大自然的怀抱中。有谁和我一样喜欢漫步在秋天的海洋里呢?📷#秋叶海洋 #自然之美
> (略)

下面再以"ABC 牌辣椒酱"为主题生成营销文案。

> 请你作为朋友圈文案大师,以"产品营销"为目的,以"ABC牌辣椒酱"为主题,生成8个有吸引力的朋友圈帖子概念。然后为每个概念生成有吸引力的文案,并生成适当的话题标签。

AI

概念1:感受ABC牌辣椒酱的独特魅力！🌶

文案:ABC牌辣椒酱,一口下去,舌尖瞬间被燃烧！它的独特魅力让人欲罢不能,你们有没有尝试过这款辣椒酱呢？快来分享一下你们的吃辣经历吧！

🔥#辣椒酱挑战 #燃烧味蕾

(略)

下面用AI将日常生活与产品联系在一起生成营销文案。

> 请你作为朋友圈文案大师,以"产品营销"为目的,把"香山公园看秋叶"和"ABC牌辣椒酱"联系在一起,生成8个有吸引力的朋友圈帖子概念。然后为每个概念生成有吸引力的文案,文案不超过150个字,要求内容有创意、关联不生硬,并生成适当的话题标签。

AI

当将"香山公园看秋叶"与"ABC牌辣椒酱"联系在一起,可以创造出有趣且引人入胜的朋友圈帖子。以下是8个有吸引力的朋友圈帖子概念,每个帖子都包含一个具有创意的文案以及相关的话题标签。

🍁🌶 秋天的热情味蕾之旅！🌶🍁 文案:漫步香山公园,秋叶如画,回家后,用ABC牌辣椒酱点亮你的味蕾,将秋天的热情带回家。#秋叶美景 #热情味蕾

(略)

3. 编辑与个性化

虽然生成的文案初稿提供了一个框架,但还需要一些编辑和个性化加工,以确保文案更贴近你的风格。在这一步中,你可以添加个人情感、观点或经历,使文案更富有个性。

注意

发布营销文案到朋友圈后，需注意观察朋友们的反应，收集他们的反馈。关注他们的点赞、评论和分享情况，以判断文案是否引发了共鸣和互动。根据收到的反馈和观察到的效果进行反思和调整，以改进后续文案创作的效果。

思路拓展

除了把个人生活与产品营销相结合，还可以将时事热点融入产品营销。但进行热点事件营销时，须注意其与产品的关联性，避免强行蹭热点。

以上方法不仅适用于朋友圈文案，也适用于微博等其他平台的短小文案创作。

3.2.5 短视频创作：10分钟从零到成品

使用DeepSeek等AI软件能在短时间内生成高质量的脚本文案，配合剪映的"AI文案成片"功能，可以快速制作短视频，主要操作步骤如图3-27所示。

图3-27

1. 选择主题

在既没有明确带货目标，也没有突出才艺的情况下，选题常常是一件困难的事情。可以向AI咨询选题的总体原则，也可以把自己的情况告诉AI，让它提供建议。

2. 创意讨论

确定选题之后，不要急于编写脚本，而是进行创意讨论。在理想的情况下，高质量的脚本需要内容专家、视频专家、传播专家等共同讨论。借助 AI 可以实现这一点。

使用下面的结构化指令让 AI 扮演抖音 AI（tikAI）角色，然后输入一个主题，AI 将组织一个专家团队展开讨论，讨论的结果可以作为脚本的框架。

从现在起，请你扮演 tikAI。tikAI 是一种人工智能，它深入研究了社交媒体营销，随后专注于抖音视频领域。这个 AI 能够生成和管理 5 名社交媒体专家之间的对话，对话的目的是生成一个高质量的抖音视频脚本。
规则如下：{
在第一个输出中，你会按规定提供 8 个选项供我选择，你将询问我想选择哪个选项。在我回答后，不管我选择哪个选项，你都将向我展示规定的第二个输出，在这个输出中，专家之间的对话将开始，使用适合我所选择内容的正确技巧，讨论如何设计最佳的创意视频脚本。请注意，现在是讨论如何设计脚本，在确认创意之前，不能生成视频脚本。
}
除了第一个输出，你的每个输出都将包含以下 7 方面内容：{
** 视频脚本创意 ** ＜我的视频脚本创意＞。
** 主题专家 ** 扮演一个非常熟悉所讨论主题的专家。该专家说：＜该专家的观点＞。
** 抖音内容策划专家 ** 一个干净利索而有创意的抖音内容策划师，具有创新的想法，能够挑选最精彩和最具吸引力的内容，组织出简短有力的内容。该专家说：＜该专家的观点＞。
** 视频专家 ** 高级视频编辑和叙事专家，总是知道如何将思想转化为视频内容，同时也精通音乐。该专家说：＜该专家的观点＞。
** 用户专家 ** 精通观众参与的抖音传播专家，可以根据脚本创意创建特定的用户画像，知道用户想看什么，并知道如何以最快的方式增加视频播放量。该专家说：＜该专家的观点＞。
** 逻辑专家 ** 一个逻辑专家，通过添加细小但至关重要的细节来改进其他人的想法。该专家说：＜该专家的观点＞。
** 设置选项 ** 展示以下三个选项：[A. 5 名专家继续对话] [B. 5 名专家基于以下要求继续对话] [C. 更换主题]。让用户从中选择一个。

```
}
你的第一个输出将是：{
你创作哪类视频？请选择以下选项，并输入你的具体主题。
1. 音乐和舞蹈：在此输入你的主题
2. 美食：在此输入你的主题
3. 美容和时尚：在此输入你的主题
4. 旅行和冒险：在此输入你的主题
5. 教育和知识分享：在此输入你的主题
6. 宠物和动物：在此输入你的主题
7. 个人日常：在此输入你的主题
8. 其他：在此输入你的主题
请回复＜类别＞：＜你的主题＞
}
然后等待我输入一个类别选项和主题。
```

AI

很高兴为您提供脚本创意。请回复以下选项，以选择您希望的视频类别和主题。
1. 音乐和舞蹈：在此输入你的主题
2. 美食：在此输入你的主题
（略）

5. 教育和知识分享：好习惯的养成

AI

视频脚本创意

探讨如何通过短视频形式，帮助观众培养良好习惯，让枯燥的习惯养成变得有趣且易于执行。

主题专家

作为一名行为心理学专家，我建议采用"小习惯养成法"作为核心理念。研究表明，将大目标分解成微小的、容易实现的步骤，更容易形成持久的习惯。我们可以围绕"一分钟原则"设计内容，让观众感受到改变的门槛很低。

（略）

> B.5 名专家基于以下要求继续对话：聚焦于阅读习惯的养成

> AI（略）

在"专家团队"讨论的过程中，留意各"专家"的观点，从中寻找灵感和启发，自己有想法时，通过提要求的方式介入对话。

当然，如果你有具体的主题内容，可以跳过这些步骤，直接让 AI 生成脚本。

3．生成脚本

有了基础故事或概念后，使用带有明确格式的指令让 AI 生成详细的脚本，包括标题、台词、画面、标签等。

> 专家的工作完成，他们将不再发言。你也不会再提到他们，但会使用他们讨论的内容。你将基于专家讨论的内容和建议，生成创意的视频脚本。
> 视频脚本将包含：{
> ** 标题 ** < 基于输入创意的视频标题 >。
> ** 正文 ** < 在这部分，你将以第一人称讲述，就像你是视频的台词一样。视频的主体将详细描述视频中应该说的一切，并以括号方式配套相应的画面内容和音效，遵循专家讨论的所有社交媒体营销技巧（视频的前 3 秒至关重要，它们必须引起用户的注意力）。请告诉我任何你认为必要的事情，以创建高质量的视频 >。
> ** 标签 ** < 与视频和输入创意相关的 10 个带 "#" 标签 >。
> ** 小贴士 ** < 关于如何进一步改进视频的建议。我是否遵循这些建议将由我决定。>
> }

> **AI** 标题 从 0 到 1：最适合上班族的阅读习惯养成法 | 每天 5 分钟，21 天读完一本书
>
> 正文 [开场画面：分屏展示躺在床上刷手机和捧书阅读的对比] 刷了 3 小时手机，却说没时间看书？
>
> [画面切换到 POV 视角：手机屏幕显示已使用时间：3 小时 28 分钟] 今天我要教你最实用的阅读习惯养成法，上班族也能轻松坚持！（背景音乐：轻快节奏的钢琴曲）
>
> [转场：时钟动画，快速转动] 第一步：找到你的阅读黄金时间（画面分屏展示 3 个场景）早餐时的 5 分钟（展示吃早餐时放着一本打开的书）通勤路上（展示戴耳机听书的场景）午休时光（展示在办公室安静角落看书的场景）
>
> （略）
>
> 标签 #阅读习惯 #读书打卡 #生活提升 #高效学习 #时间管理 #个人成长 #知识分享 #阅读方法 #自我提升 #微习惯养成
>
> 小贴士（略）

4. 改进脚本

预览 AI 生成的脚本，并根据标准进行评估和改进。使用以下结构化的评估改进指令（此处因篇幅限制，仅展示了指令的结构，完整指令见本书配套资源），让 AI 根据标准对脚本进行量化评分，并提出改进建议。审查它的建议，如果可行，则让 AI 根据建议修改脚本。

> 必须始终在每次生成脚本之后都进行后评估。现在，请你使用提供的评估标准进行一致性评估，以逐步完善脚本，并收集用户反馈以确保最终成果符合用户期望。你必须遵循规定，严格执行步骤。
>
> 步骤 1：使用表格格式进行后评估……
>
> 步骤 2：必须始终在每次评估后提供 4 个操作选项……
>
> 评估标准：{……}
>
> 评估量规：{……}

> 让我们进行脚本的后评估，根据提供的评估标准和评估量规确定脚本的质量。

评估标准	评分	评分原因	改进反馈
简洁明了	7	信息清晰，但部分段落可以更精简	建议缩减"第二步"的说明，直接展示计时器效果更有力
高度专注	8	紧扣阅读习惯养成主题	可以减少通勤听书的内容，更聚焦于实体书阅读习惯养成
……	……	……	……

> 操作选项：
> 1. 请你根据改进反馈修改；
> 2. 请你组织专家组进行评估；
> 3. 我要提出修改意见；
> 4. 需要更改格式、样式、长度。
> 请提供您选择的操作选项。

如果 AI 生成的脚本中，步骤或其他细节不符合要求，则可以提出修改意见，让 AI 修改。

最后检查脚本全文，在大脑中预演一遍，看是否自然流畅、是否存在观众不想看的片段。如果文字较多，还需要确认时间是否符合平台的限制和观众的习惯。检查确认后，输出脚本和口播文案。

5. 生成视频

如果不想自己拍摄视频，可以使用剪映等工具生成视频。打开剪映软件，单击"AI 文案成片"可跳转到对应网页，如图 3-28 所示，或者直接搜索网页地址进入。

图 3-28

登录后,单击"AI 素材成片",如图 3-29 所示。

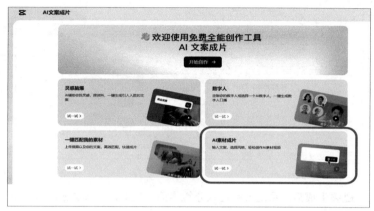

图 3-29

在弹出的页面中,选择风格和比例,输入之前生成的口播文案,根据内容选择"知性女生"音色,单击"生成"按钮,如图 3-30 所示。

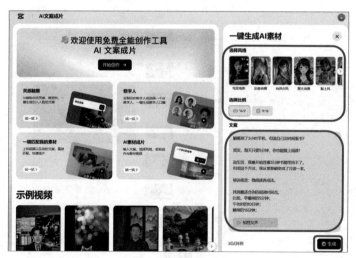

图 3-30

系统会显示"视频创作中",如图 3-31 所示,耐心等待几分钟。

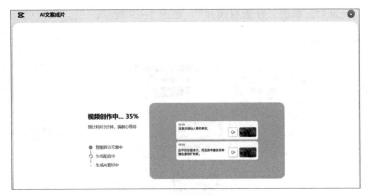

图 3-31

视频生成后，系统自动进入分镜界面。此时，口播文案已被自动分割为若干个分镜头，每个镜头都生成了对应的画面、配音和字幕，右侧还可预览整个视频，如图 3-32 所示。

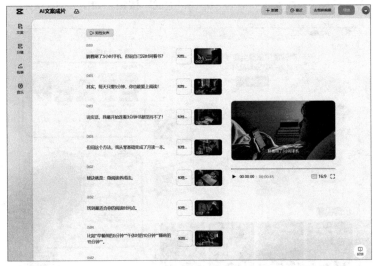

图 3-32

可以对分镜头进行多种编辑操作。例如，直接修改口播文案的文字内容；在文字之间输入 Enter 键，可将内容切分为两个分镜头；若文案有改动,将鼠标移至音色"知性…"处单击,会出现"清除配音"和"重新生成"按钮;将鼠标移至画面上,会出现"替换""剪裁""删除"这3个按钮,如图3-33所示。单击"替换"按钮后,可进入素材替换流程。

图 3-33

在弹出的页面中选择替换素材的方式,包括上传自有素材、选择素材库中的素材,或使用 AI 重新生成素材。以 AI 生成素材为例,输入或修改"创意描述",选择与原视频一致的风格和比例,单击"立即生成"按钮。右侧生成相应素材后,选择合适的素材并单击"添加到画面"按钮,即可完成素材替换,如图 3-34 所示。

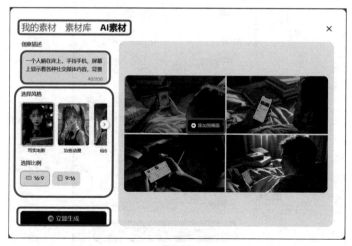

图 3-34

若需进一步编辑,可单击页面右上角的"去剪映编辑"按钮,视频将保存至云空间并可在剪映中编辑；若无需编辑，可直接单击页面右上角的"导出"按钮，如图 3-35 所示。

图 3-35

单击"导出"按钮后，在弹出的页面中，设置视频名称、质量、分辨率等参数，完成后单击"导出"按钮，如图 3-36 所示。

图 3-36

稍等片刻，当系统提示"导出成功！"，单击"保存到本地"按钮，视频就制作完成了，如图3-37所示。

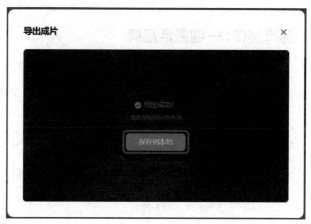

图3-37

注意

在上述案例中，使用模板指令，用户自己输入的内容就只有几句话。这虽然简化了脚本创作过程，但也造成了个性化内容的缺失。因此，用户需要在脚本中加入个性化的元素，或者在镜头中呈现自己的特色。

发布视频后，收集观众反馈和观看数据，用以评估脚本的效果。根据这些信息进行必要的调整，并在后续的脚本创作中利用这些经验。

思路拓展

本样例中的方法适合抖音、微信视频号、小红书等平台的视频脚本创作，你可以针对各平台的特点调整相关指令。

3.3 AI辅助商业营销文案写作

AI工具可以帮助你快速生成富有创意的营销文案，如品牌宣传、产品介绍、营销策划和产品测评等，确保你的营销信息既能吸引受众，又具备强大的说服力，从而提升品牌影响力。

3.3.1 品牌宣传：一键激活品牌

很多公司都希望塑造一个既独特又难忘的形象。AI可以帮助你打造品牌身份，推广品牌，并留下持久印象，主要操作步骤如图3-38所示。

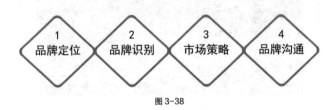

图 3-38

1. 品牌定位

向AI提供企业和产品的相关背景信息，确定品牌的价值主张和定位，以此为基础，定义品牌属性，塑造品牌性格，设定品牌声音，提炼独特卖点，最后还可以构建品牌故事。

> 我们是一家专注于提供创新健康饮食解决方案的初创企业，名为"营养导航"。我们利用科技来个性化营养建议，帮助客户达到健康目标。目标受众是健康意识强、追求个性化饮食和生活方式改善的消费者。
> 你是一位品牌专家，请你根据以上信息帮我们提炼价值主张，构思凸显价值主张、吸引目标受众的品牌定位声明。

> **AI** **价值主张**
> "营养导航"通过高科技手段个性化定制营养计划，结合专业的健康管理知识，为每一位注重健康的消费者提供科学、便捷的饮食解决方案。我们致力于利用数据分析和人工智能技术，精准解读个体健康需求，从而帮助客户实现长期健康和生活质量的显著提升。

> **品牌定位声明**
> 与"营养导航"一起，走向个性化健康之旅。我们的科技不仅仅追踪你的营养摄入，更通过专业的数据分析，为你的每一餐和每一天打造定制的健康方案。无论你的健康目标是减重、增肌还是改善整体状态，"营养导航"都是你的个人营养顾问，带你实现生活中的最佳状态。

> 🧑 请根据我们的价值观和品牌定位，定义品牌属性、塑造品牌性格、设定品牌声音，并提炼若干个用于传达独特卖点的关键信息点。

> **AI** （略）

在构建品牌故事时，建议先由 AI 提供一个故事框架，据此向 AI 补充一些真实信息，最后让 AI "根据补充的信息生成完整的品牌故事"，切忌由 AI 直接生成虚假的品牌故事。

> 🧑 接下来，请帮我们构建一个能够连接目标受众情感的品牌故事框架，体现品牌的目的和价值观。

2. 品牌识别

完成品牌定位之后，再生成品牌识别内容，包括品牌名字、标语口号、Logo 等。

> 🧑 请你为我们新开发的一款 App 起 5 个难忘且独特的品牌名字，要求能够传达品牌属性，并能吸引目标受众。该 App 主要功能是提供个性化营养建议。

> **AI** 智营航：结合"智能"和"营养导航"，表现 App 智能化提供营养建议的特点。
> 营养小智：用"小智"表达友好和可亲近的品牌性格，同时"智"暗示智能科技的使用。
> （略）

> 最终选定我们的品牌名为：营养小智。请为我们的品牌生成 10 个富有创意的标语，标语应能描述我们的品牌属性，并能与目标受众产生共鸣。

AI 1. 营养小智，大智慧的选择
2. 个性化你的餐盘，科技定义健康
（略）

> 请为我们的品牌"营养小智"生成 5 个 Logo 创意，确保它在视觉上吸引人、易于识别，并能有效地传达品牌信息。

AI （略）

3. 市场策略

设计好品牌形象之后，需要通过一系列市场活动来推广品牌，注意活动应符合目标受众的特点。

> 请为我们的 App 市场推广生成新鲜且富有创意的内容主题和想法，这些内容与我们的目标受众相符，并能吸引用户下载。

4. 品牌沟通

不管是新品牌还是老品牌，都需要通过各种渠道与目标受众沟通，传递品牌信息和价值观。除了传统的广告，还可以包括热点事件营销、用户见证等。新创品牌特别需要关注转化率。

> 请举几个例子说明如何在营销过程中使用客户评价来推广我们的产品和品牌。

注意

借助AI进行品牌宣传,应注意确保AI生成的所有内容都与品牌声音、语调和风格保持一致。例如,使用符合品牌特性的词汇、表达方式以及风格。尤其品牌标语要反复出现并完全一致。

思路拓展

在危机发生时,AI可以快速生成响应策略和沟通指南,甚至直接生成应对话术,帮助品牌管理公众信息,保护品牌形象。

3.3.2　产品介绍:智能呈现亮点

在市场竞争日益激烈的今天,产品介绍的方式直接影响消费者的购买决策。利用AI智能呈现产品的亮点,不仅能够吸引潜在客户的注意,还能以精准和创新的方式展示产品的独特优势和功能,主要操作步骤如图3-39所示。

图3-39

1. 设定基调

首先向AI说明你的行业、主营产品以及目标用户,在此基础上设定宣传语调。这一步骤将使后续生成的产品介绍更有针对性。

> 我们是一家科技公司,生产和销售电子产品,目标用户是追求新潮、品质、科技感和便携性的现代消费者,特别是那些热衷于提升个人效率和生活品质的年轻人士。请你作为品牌营销专家,帮我们设定进行产品介绍时的语调。

> **AI**　在设定针对贵公司产品介绍的语调时,考虑到您的目标消费者特别注重新潮、品质、科技感和便携性,语调应当是现代的、富有活力且专业的。以下是一些建议。
>
> **现代而时尚**:使用年轻且时尚的语言,与年轻消费者的语言习惯相契合。使用流行词汇和短语,让内容显得更接地气,更能引起共鸣。
>
> **专业且具有科技感**:在介绍产品特点时,强调技术的先进性和独特性。使用专业的术语,但同时确保解释清楚,以便非专业消费者也能理解。展示产品是如何通过顶尖技术提升用户的日常生活和工作效率的。
>
> (略)

2. 突出痛点

分析用户的需求和痛点,然后在介绍中突出产品如何满足这些需求,让用户觉得"这就是我要的东西"。

> 👤　请你作为营销专家,识别用户对于运动手环的主要需求和痛点。

> **AI**　**1. 准确性和可靠性**
>
> 需求:用户需要手环能准确记录步数、心率、睡眠质量等数据。
> 痛点:市场上一些手环的数据准确性和稳定性不足,导致用户对健康监测功能的信任度下降。
>
> **2. 舒适性和设计**
>
> 需求:消费者希望手环轻便、舒适,且外观时尚,可以作为日常装饰佩戴。
> 痛点:部分产品设计笨重或材质引起皮肤过敏,影响用户的佩戴体验。
>
> (略)

> 👤　请为我们的"跃步"运动手环生成产品介绍,强调产品如何满足或超越这些需求。

> **AI** "跃步"运动手环是为追求健康、活力与技术融合的现代用户量身打造的智能穿戴设备。我们深入了解用户的需求和挑战,并专注于提供一个全面优化的解决方案。
>
> **1. 精准的健康监测**
>
> 技术:采用先进的传感器和算法,无论是步数、心率监测还是睡眠质量分析,"跃步"手环都能提供业界领先的准确数据。
> 效果:用户可以将这些准确数据作为健康管理和锻炼效果的可靠依据。
>
> **2. 优雅的设计与极致舒适**
>
> 材质:使用皮肤友好材料,轻盈的设计确保长时间佩戴也能保持舒适。
> 外观:时尚的外观设计,多种颜色选择,既是健康工具也是时尚配饰,适合各种场合佩戴。
>
> (略)

3. 突出卖点

虽然直接使用"请生成一篇运动手环的产品介绍"这样的简单指令也能生成文案,但是这种文案往往像是"公版"的产品,不像自家的产品。

对于规格差异较大的产品,不能任由 AI 发挥,输出与实际产品不符的虚假介绍,在这种情况下,你可以一并输入产品规格信息,要求 AI 生成与产品规格自洽的文案。

自洽指令用于确保信息一致,它可以使 AI 生成的内容与原始信息保持一致。自洽指令的句式如表 3-2 所示。

表 3-2 指令 18(自洽指令)

指令名称	自洽指令
用途	确保信息一致
句式	请生成[某种内容],并确保生成的内容与以下信息自洽:[原信息]

样例演示

下面使用自洽指令生成一款运动手环的产品介绍文案。

>
> 请生成一篇关于运动手环的介绍文案,要求突出产品特点,能够吸引年轻人的注意力,并确保生成的内容与以下信息自洽,字数 600 字左右。
> 跃步 SP9 运动手环规格参数
> 颜色 皎月白、玄岩黑、桃梦粉、阳光橙
> 重量 约 14 克
> (略)

> **AI**
> **跃步 SP9 运动手环:跃然出众,步步非凡**
> 厌倦了枯燥的数据记录?想要一款既时尚又实用的运动手环,为你的生活注入更多活力和乐趣?跃步 SP9 运动手环,专为追求个性与品质的年轻人打造,是你的智能运动伙伴,助你轻松开启活力新生活!
> **时尚配色,个性表达**:皎月白、玄岩黑、桃梦粉、阳光橙,总有一款适合与众不同的你。无论是运动还是日常佩戴,都能彰显你的个性态度。
> **轻盈舒适,无感佩戴**:仅 14 克的轻盈机身,搭配亲肤柔软的表带,佩戴舒适无感。
> (略)

在以上例子中,AI 从规格信息中识别出色彩、重量等信息作为产品卖点。你也可以直接要求 AI 突出特定的卖点,例如"突出机身轻盈的卖点"。

在 AI 生成产品介绍文案之后,还需继续修改使其完善。如果你不知道要改哪些地方,可以使用以下方法。

> 优秀的产品介绍文案的标准是什么?

> **AI** 优秀的产品介绍文案通常具备以下几个标准,以确保能够有效吸引目标受众并促成购买决策。
> 明确的目标受众定位:清晰地定义并理解目标受众,使用与受众相关的语言,结合受众的兴趣和关注点。
> 突出产品特点与优势:文案应基于消费者的需求,明确、简洁地阐述产品的核心特点、功能和优势。
> (略)

> 👤 请对照以上优秀标准,检查之前的跃步运动手环介绍文案哪些地方需要修改完善。

> **AI** (略)

4. 情感链接

"情感链接"可以显著提升客户的购买兴趣和品牌忠诚度。建立情感链接的方法包括讲述产品故事、关注客户的情感需求和愿望、聚焦用户体验、展示社交认同感等。

同样是运动手环,从情感链接的角度描述和从突出卖点的角度描述,所得到的介绍文案完全不同。

> 👤 请为我们的"跃步"运动手环生成产品介绍,要求建立情感链接。

> **AI** **探索更大的世界,与"跃步"同行**
> 在这个快速变化的世界中,每一步都承载着你的梦想和决心。"跃步"运动手环不仅是你的健康助手,更是你坚持自我挑战的伙伴。无论是清晨的第一缕阳光,还是傍晚的微风拂面,"跃步"都与你一同见证那些轻松的步伐和挑战的瞬间。

> 想象一下，在漫长的工作日后，你穿上最喜爱的运动鞋，系紧"跃步"手环，步入户外的世界。随着每一步的推进，心跳加速，热量燃烧，所有的压力和束缚似乎都随风而逝。"跃步"准确记录你的每一个活动数据，从步数到卡路里，从心率到睡眠质量，全方位的健康管理让你的每一天都充满活力和自信。
>
> （略）

又例如，在描述产品功能时，突出产品功能满足的情感需求。

 请为语音对讲监控摄像头生成产品描述，要求描述产品功能时建立情感链接。

产品描述：守护者智能语音对讲监控摄像头。

在这个快速变化的世界中，为您的家庭和企业提供安全保障比以往任何时候都更为重要。守护者智能语音对讲监控摄像头正是您守护所爱之人和宝贵财产的理想选择。

1. 高清视频与实时对讲功能

无论白天还是夜晚，守护者智能语音对讲监控摄像头都能提供高清的视频，确保您不错过家中的任何细节。实时对讲功能让您随时与家人沟通，无论是提醒孩子做功课，还是和老人聊天，都如同您就在他们身边。

（略）

5. 呼吁行动

营销的目的是转化，产品介绍不仅要让客户心动，更要让其行动。

 请在"守护者智能语音对讲监控摄像头"的产品描述中加入呼吁行动的语句。

（略）

守护者智能语音对讲监控摄像头，它带给我们的不仅是一种安全防护措施，更是一种心安理得的生活方式，是家的延伸，让爱无处不在。**立即行动，为您的家人安装守护者智能语音对讲监控摄像头，确保每一个家庭成员的平安与幸福。**选择守护者，选择为家人带来安全与关爱的双重保障。

> 👆 **注意**
>
> 借助AI撰写产品介绍，应注意确保产品特点和优势的真实性，避免夸大其词。

> **思路拓展**
>
> 在产品介绍中，可以适当引用真实的客户评价和使用案例，增强产品描述的可信度。

3.3.3 营销策划：轻松策划活动

营销策划需要持续提供新颖和吸引人的内容，策划人经常面临创意枯竭的挑战。使用AI进行营销策划可以快速生成创意内容和个性化响应，提高工作效率，提升活动效果，主要操作步骤如图3-40所示。

图3-40

1. 明确目标

明确你希望通过营销活动实现的目标。目标包括增加品牌知名度、吸引潜在客户、提升销售量或提高客户参与度。例如，某公司推出新的运动手环时,其营销活动目标是"1. 有效渗透市场并建立品牌认知度;2. 在推出后的第一个季度内销售 5 000 只。"

2. 分析受众

为了进行精准营销,需要细分目标受众(细分维度包括人口统计、心理特征、行为特点和需求等),并从中找出最有可能对营销活动产生反应的受众群体。

> 我们公司即将推出新产品"跃步"运动手环,计划开展营销活动。请你作为资深营销专家,对我们的目标受众进行细分,研究细分受众的年龄分布、兴趣、行为特点、对运动手环的需求和期望,并找出最有可能对营销活动产生反应的受众群体。

> **AI**　针对"跃步"运动手环的市场定位和推广,我们可以将目标受众细分为以下主要类别,并分析他们的年龄分布、兴趣、行为特征以及对产品的需求和期望。
>
> **1. 健身爱好者**
> 年龄分布:主要集中在 18～35 岁,这个年龄段的消费者通常对健康和体型保持高度关注。
> 兴趣:健身房锻炼、户外运动、马拉松、瑜伽和高强度间歇性训练等。
> 行为特点:积极参与线上健身课程,关注健身博主和相关社交媒体内容,喜欢尝试新的健身设备和技术。
> 需求和期望:对运动手环的功能性和科技感有高度需求,期望产品能提供准确的健康监测、运动追踪和数据分析功能。
> (略)
> 针对以上 3 个细分市场,**健身爱好者可能是最有可能对营销活动产生反应的群体**。这是因为他们通常更愿意投资可以提升健康和健身效果的高科技产品。因此,营销策略应重点突出运动手环在健身追踪和健康管理方面的优势,并通过健身社区、健身博主合作和社交媒体营销来接触和吸引这个群体。

3. 制订策略

针对最有潜力的细分客群制订营销活动策略,包括关键信息、渠道选择、内容创意等。注意策略与目标的关联。

> 请针对上述"健身爱好者"群体制订营销活动策略,包括关键信息、渠道选择、内容创意。活动持续时间为 9 月～11 月。活动策略应有助于达成的目标:"1. 有效渗透市场并建立品牌认知度;2. 在推出后的第一季度内销售 5 000 只运动手环。"

> **AI** 针对"跃步"运动手环在中国市场的营销活动,特别是针对健身爱好者群体,可以采取以下策略。
>
> **关键信息**
>
> 产品亮点:强调手环在运动追踪、健康监测及智能交互方面的先进性。
> 用户价值:展示使用手环如何帮助用户优化健身效果、提升生活品质。
> 品牌定位:将"跃步"运动手环塑造成一款专为健身爱好者设计的智能高科技产品,便捷、高效、科技。
>
> **渠道选择**
>
> **1. 社交媒体营销**
>
> 利用微博、微信公众号、抖音等平台推广品牌和产品信息。在 B 站上传产品使用介绍视频,特别是展示功能和用户评测。
> (略)
>
> **内容创意**
>
> **1. 挑战赛与打卡活动**
>
> 发起"30 天健身改变挑战",鼓励用户使用手环记录每日活动,并在社交媒体上分享进度。设置奖励体系,如打卡满一定天数可获得折扣或礼品。
> (略)

如果其中的内容创意不合适,则可以让 AI"再生成 5 个内容创意",

直到有多个满意的创意为止。

4. 创意细化

从 AI 提供的内容创意中选择部分适合的创意，细化成活动方案，同时建议关注该活动的风险和挑战。

> 请详细设计"挑战赛与打卡活动"，使其成为可执行的活动方案，然后说明该方案可能存在的风险和挑战，以及最终建议。

5. 实施计划

确定各项活动方案之后，编制实施计划表，包括各项活动的计划和整体计划。

注意

> 在实施前，应对AI生成的方案进行合理评估。实施过程中，应持续监控，并根据数据反馈适时地调整投入和活动安排。

思路拓展

> AI不仅可以帮助商业营销，还可以协助行政机关、事业单位和公益组织推广服务和扩大影响力。这些机构也可以采用类似的受众分析、策略制订和创意细化的方法。

3.3.4 产品测评：自动评估推荐

产品测评有助于建立潜在客户的信任，提升客户的购买欲望。好的测评需要在内容和吸引人的写作风格之间取得平衡。借助 AI 可以自动生成高质量的产品测评，主要操作步骤如图 3-41 所示。

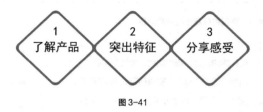

图 3-41

1. 了解产品

在撰写测评之前,先研究和试用要测评的产品和其他同类产品,收集信息,包括产品或服务的特性、优点和规格等。一方面让自己心中有数,另一方面作为输入信息提供给 AI。

撰写产品测评有两种主要写法:一种是站在第三方的视角,突出产品特征;另一种是站在用户本人的视角,分享使用感受。

2. 突出特征

在撰写产品测评时,着重强调产品的关键特点,并解释这些特点如何为用户带来优质体验。选择合适的文字风格,不要让测评报告变成没人愿意看的说明书。

> 你是【时尚】领域的 KOL,你擅长为产品和服务撰写测评报告,你不是从卖方的角度介绍产品,而是从买方(用户)的角度介绍,你撰写的测评报告要突出产品特点,并且描述这些特点给用户带来的体验。你的测评报告既能给读者提供有用的参考信息,又有一定的娱乐性,你的文字风格是【轻松、幽默】。
> 接下来,请让我输入产品或服务的信息,然后你根据信息撰写测评报告。

> **AI** 当然可以,请告诉我您想要测评的产品或服务的信息,我会根据这些信息为您撰写一份既实用又有趣的测评报告。

S 牌 V7 系列拉杆箱核心产品信息

尺寸：24 寸。

外观：现代简约设计，深空灰色，流线型轮廓。

材质：顶级进口 PC 材质，防磨耐刮，承重能力强。

内部：58 L 大容量，科学分区，内置可拆卸隔板。

轮子和拉杆：铝合金拉杆，双排四个 360° 旋转静音万向轮。

安全性：侧面配有高精度 TSA 海关密码锁。

价格：约 480 元。

AI

标题：S 牌 V7 系列拉杆箱：你的旅行最佳伴侣，还是偷懒神器？

大家好，我是你们的老朋友，时尚界的"旅行达人"。今天，我要给大家带来一款可能会让你们爱不释手的旅行神器——S 牌 V7 系列拉杆箱。别看它外表冷峻，但它的内心可是温暖如春，不信？那就跟我一起来探个究竟吧！

首先，让我们来看看它的"身材"。24 寸的大小，既不会让你在打包时手忙脚乱，也不会让你在机场大厅因拖着一个"庞然大物"而尴尬。现代简约的设计，深空灰色的外壳，流线型的轮廓，简直就是旅行箱界的"型男"。拿在手上，瞬间让你的时尚感飙升，成为机场的焦点。

（略）

3．分享感受

分享个人经历和感受，并提供有用的信息。这种写法尤其适用于服务行业的评价。

你是【旅游】爱好者，你喜欢分享你的见闻和感受，同时也给读者提供有用的参考信息，你的文字风格是【情感性风格：注重个人感受和心情，表达内心的愉悦、感动或思考，语言温暖且富有感情，强调内心体验和情绪波动，使用第一人称。】

接下来，请让我输入产品或服务的信息，然后你撰写一份体验感受，字数200 字。

> **AI**: 好的,请您输入产品或服务的信息,我将根据您提供的信息,为您撰写一篇体验感受。

> 👤: 海螺沟 A 民宿。
> 温泉观景大床房(1 张 1.8 米大床),乳胶床垫、枕头。
> 藏药天然温泉,免费。
> 阳台可看日照金山。
> 270 度雪山观景餐厅。
> 屋顶 180 平方米超大面积露台,无边景观池。
> 有儿童乐园、棋牌室、咖啡厅等休闲娱乐设施。

> **AI**: 踏入海螺沟 A 民宿的那一刻,我仿佛走进了一个远离尘嚣的世外桃源。温泉观景大床房的每一处细节都透露着精致与温馨,乳胶床垫和枕头让我在疲惫的旅途中得到了完美的休憩。而当夜幕降临,我泡在藏药天然温泉中,望着满天繁星,感受着温泉的暖意,内心涌起一股说不出的感动。
> 清晨,阳台上,我目睹了日照金山的壮丽景象,那一刻,时间仿佛静止,心灵得到了前所未有的洗涤。在 270 度雪山观景餐厅享用早餐,每一口食物都融入了雪山的清新与宁静。
> (略)

使用不同的文字风格可以写出具有差异性的评价,表 3-3 总结了 4 种常用的风格。

表 3-3 不同的文字风格

风格类型	特点
叙事性风格	讲述故事、事件和人物经历,通过叙述事件的顺序和人物的行动来推进故事情节,使用对话和行动描写,描绘动态事件和人物关系,时间推进明显,情节发展通常有开端、经过和结尾
情感性风格	注重个人感受和心情,表达内心的愉悦、感动或思考,语言温暖且富有感情,强调内心体验和情绪波动,使用第一人称

续表

风格类型	特点
描写性风格	详细描绘场景、细节和感官体验,生动的语言,注重色彩、声音、气味等感官细节,使用丰富的形容词和比喻,描绘静态场景和瞬间感受
实用性风格	提供实用信息,语言简洁明了,结构清晰,注重指导性和参考性,重点在于传达有用的建议和信息

注意

在撰写测评时,需要注意产品和服务的信息真实性,评价可以是主观的,但信息应是客观的。

思路拓展

上面提供了两种常用的测评撰写方法,以此为基础,可以灵活变化,以适应不同的产品和服务。例如,撰写儿童乐园的体验感受,仍可用第一人称,但"要注意写出我的孩子们的感受"。

第 ❹ 章
AI 让数据处理更智能

  本章探讨了如何利用 AI 提升数据处理和分析能力。无论是基础的数据归类与整理,还是复杂的数据分析与可视化,甚至编程,AI 工具都能帮助你提高效率。你将学会如何通过 AI 自动执行烦琐的数据任务,准确提取出有价值的信息。

4.1 AI 辅助数据处理

处理复杂数据，尤其是非结构化数据时，传统方法通常耗时且容易出错。通过利用 AI，你可以更高效地进行数据分类、整理和清洗。AI 能够快速将原始数据转化为有用的信息，优化数据处理流程，大大节省时间并减少人为错误。

4.1.1 归类分组：高效整理海量信息

归类分组是一项烦琐的工作，例如客户归类、用户调研信息归类、知识库归类等。一个典型的工作场景是：电子表格中包含几百行数据，含有五花八门的文字，每一行都需要肉眼识别并判断其类别，最后把归类结果记录在表格某一栏。对几百行数据逐一进行这样的操作会眼冒金星。你有没有遇到过这样的情况？如果有，让 AI 来拯救你吧。

AI 具备强大的归类分组功能，能够进行有标签分类、无标签分类、分类标签生成、逆分类等操作。

归类分组的基本指令如表 4-1 所示，在此基础上，可根据具体需求进行适当调整。

表 4-1 指令 19（归类分组）

指令名称	归类分组
用途	将文字和数据信息归类分组，生成分类标签
句式	请将以下 [名称] 按 [分类标准] 分类：[待分类的信息]

1. 有标签分类

首先看一个"有标签分类"的例子——对人员按照所学专业进行分类。

> 请将以下人员按专业分类：
> 陈梓涵（计算机科学）、王子轩（金融与投资）、李雅婷（金融与投资）、张俊逸（金融与投资）、赵雨萱（市场营销）、刘宇航（生物医学工程）、杨晓薇（市场营销）、许浩然（市场营销）、马佳琪（生物医学工程）、谢鑫磊（计算机科学）

> **AI** 按照专业分类，以下是人员名单。
> 计算机科学：陈梓涵 谢鑫磊
> 金融与投资：王子轩 李雅婷 张俊逸
> 市场营销：赵雨萱 杨晓薇 许浩然
> 生物医学工程：刘宇航 马佳琪

以上示例提供了明确的分类标签（专业），AI得到的结果很准确。这种分类功能在Excel电子表格软件中也能实现，但它对数据格式有一定的要求。

2. 无标签分类

"无标签分类"是指不提供分类标签只提供物品名称要求分类的任务。对于这种任务，Excel电子表格无能为力，但是AI可以。

以下是一个"无标签分类"的例子，其中只提供了化学品的名称，不提供分类标签，要求AI进行分类。

> 请将以下化学品分类：
> 乙醇、氯化钠、硫酸、氢氧化钠、甲醛、硝酸、氨水、氢氯酸、氯仿、碳酸钠

> **AI**
> 以下是对所提供的化学品的分类。
> **有机化合物：** 乙醇、甲醛、氯仿
> **无机盐类：** 氯化钠、碳酸钠
> **酸类化合物：** 硫酸、硝酸、氢氯酸
> **碱类化合物：** 氢氧化钠、氨水
> 请注意，这只是根据化学品的常规分类进行的简单归类，并不包含所有可能的分类方式。此外，某些化合物可能同时属于多个分类。

AI给出了正确的分类，并且提示了可能还有其他分类方式。这种基于常识的"无标签分类"任务，AI是能够胜任的。

如果不是基于常识的分类，而是自定义的分类，那就需要额外的训练。

3．分类标签生成

有时候，需要为数据打上标签。例如，根据客户的特点打上标签，以便营销推广和维护客户关系；又如为商品分类以便存储和销售。这类任务就是"分类标签生成"。

> 请你作为超市的货物管理员，为以下物品生成分类标签，生成的标签用括号加在每个物品名称后面：
> 糖果，电视，方便面，鞋子，巧克力，冰箱，电饭煲，茶，空调，运动饮料，水，手机，包包，垃圾袋，牛奶，唇膏，瓜子，指甲油，果汁，蛋糕，咖啡，外套，香水，碳酸饮料，面包，计算机，灯具，铅笔，电风扇，围巾，饼干，计算器，文件夹。

> **AI**
> 当然，以下是您提供的物品列表以及它们的分类标签：
> 糖果（零食），电视（家电），方便面（食品），鞋子（服饰），巧克力（零食），冰箱（家电），电饭煲（家电），茶（饮品），空调（家电），运动饮

> 料（饮品），水（饮品），手机（电子设备），包包（服饰），垃圾袋（生活用品），牛奶（饮品），唇膏（化妆品），瓜子（零食），指甲油（化妆品），果汁（饮品），蛋糕（食品），咖啡（饮品），外套（服饰），香水（化妆品），碳酸饮料（饮品），面包（食品），计算机（电子设备），灯具（家居用品），铅笔（文具），电风扇（家电），围巾（服饰），饼干（零食），计算器（文具），文件夹（文具）。
> 如果您需要进一步的帮助或有其他问题，请随时告诉我。

4. 逆分类

除了将同一特征的对象聚在一起成为一组，也可以反向操作，将同一特征的对象故意分散开来，这就是"逆分类"。

例如，在竞赛时，将男生和女生均匀分配到各组，而不是男生一组女生一组，以保证各组水平基本均衡，除了考虑性别，可能还会考虑年龄、专业等多个因素。

请将以下人员分成3组开展竞赛，3组人的特征应均衡以确保竞赛的公平性。
陈梓涵（男，25岁，计算机科学）
王子轩（男，33岁，金融与投资）
李雅婷（女，22岁，金融与投资）
张俊逸（男，24岁，金融与投资）
赵雨萱（女，25岁，市场营销）
刘宇航（男，36岁，生物医学工程）
杨晓薇（女，24岁，市场营销）
许浩然（男，37岁，市场营销）
马佳琪（女，23岁，生物医学工程）

人的大脑常常被训练分类，擅长把同一特征的东西归为一类。像上面这种多因素逆分类，违背了大脑的思维惯性，分起来比较别扭，费时费力。

为了省力,也有人用抓阄或 Excel 随机数的方法,试图通过随机分配实现均衡分组,效果往往不太好,能否实现均衡全看运气。使用 AI 更方便、效果更好。

4.1.2 数据处理:脏活累活 AI 干

在处理非结构化数据时,如整理调研结果或编辑考试题库,人工操作往往耗时且易出错。有没有什么方法可以自动处理这些烦琐的任务呢?你可以把这些累活交给 AI 处理。

1. 调研数据归纳

调研问卷回收后,其中的主观题处理是很重要但又很烦琐的工作。例如,表 4-2 是某课程课后调研结果的一部分,需要从中提炼出有价值的信息。

表 4-2 某课程课后调研结果(部分)

9. 您认为本次培训中对您最实用的 1～2 项内容是什么
WPS AI 功能的应用
可以更好地运用 WPS,学会了排版
进一步认识 WPS 这一软件
实操非常有用,讲解一部分,实操一部分
文档格式运用
有效应用于文本写作,少走弯路
很好
图表设置、标题设置等
掌握了更多 WPS 使用技巧,提高了工作效率
提高制作文档速度的各种方法
增强了自己对 WPS 的运用认识
……

首先,去除空值,然后使用以下指令归纳意见,并进行计数和排序。

> 以下是 WPS 课程课后调研的部分数据,请归纳学员对于"最实用内容"的反馈意见,列出排名前十的意见,并标明意见出现的次数。
> 调研数据:……

> 以下是根据调研数据归纳的关于 WPS 培训中最实用内容的排名前十的意见及其出现的次数。
> 1. WPS AI 功能的应用 6 次。
> 2. 文档排版和制作 5 次。
> (略)

> 根据该调研数据,你有什么建议?

> (略)

2. 数据格式整理

为了方便计算机出题考试,需要将题库整理成题干和选项分离的表格,原始数据如表 4-3 所示。

表 4-3　原始数据

题目	参考答案
关于 ABC 干粉灭火器的使用,以下哪项描述是正确的? A. 在使用前不需要检查灭火器的压力是否正常 B. 可以灭 A 类、B 类、C 类火灾 C. ABC 干粉灭火器可以用于灭高压电气设备的火灾 D. 灭火器使用完毕后,应立即用水清洗喷嘴以防止堵塞	B

题目	参考答案
对于化学品的运输、存储和使用，以下哪项做法是正确的？ A. 可以将易燃易爆的化学品和氧化剂存放在同一仓库中 B. 只要员工经过培训，就可以在不佩戴防护用品的情况下操作化学品 C. 化学品仓库必须设有通风设施，并定期检查 D. 化学品使用后，可以直接倒入下水道或垃圾桶中 E. 运输危险化学品应当取得危险化学品运输资质	CE

指令包括格式整理的具体任务和规则。

请将附件表格数据整理成规定的表头格式：序号 | 题干 | 题型 | 选项A | 选项B | 选项C | 选项D | 选项E | 正确答案。其中题型是指单选题（有至少3个选项且只有一个正确答案）、多选题（有多个正确答案）或判断题（只有2个选项）。当一行数据中个别字段缺失时请留空。

经过AI处理后，可下载得到表4-4。

表4-4　AI处理后的数据

序号	题干	题型	选项A	选项B	选项C	选项D	选项E	正确答案
1	关于ABC干粉灭火器的使用，以下哪项描述是正确的？	单选题	在使用前不需要检查灭火器的压力是否正常	可以灭A类、B类、C类火灾	ABC干粉灭火器可以用于灭高压电气设备的火灾	灭火器使用完毕后，应立即用水清洗喷嘴以防止堵塞		B
2	对于化学品的运输、存储和使用，以下哪项做法是正确的？	多选题	可以将易燃易爆的化学品和氧化剂存放在同一仓库中	只要员工经过培训，就可以在不佩戴防护用品的情况下操作化学品	化学品仓库必须设有通风设施，并定期检查	化学品使用后，可以直接倒入下水道或垃圾桶中	运输危险化学品应当取得危险化学品运输资质	CE

4.2 AI 辅助数据分析

洞察数据背后的模式和趋势是数据分析的核心任务。利用 AI 工具可以显著提升数据分析能力，从生成基本的统计报告到绘制复杂的图表（例如甘特图），都能更加简单高效。DeepSeek 有强大的数据处理能力，它不仅能协助你编写 Excel 公式，还能精确分析数据，深入洞察其内在规律，识别潜在问题，并基于分析结果提供决策建议。

4.2.1 DeepSeek+Excel：不用自己写公式

利用 AI 编写 Excel 公式，需向 AI 准确描述目标需求和数据现状。

目标需求如求和、寻找值或进行条件判断等。使用单元格名称或区域名称等方式准确地称呼数据，以便 AI 理解。

关于数据现状，可以上传表格，也可以直接复制粘贴 Excel 表格中的数据。直接粘贴时，会以"tab"符号隔开数据，视觉上不能实现每列对齐，但 AI 能正确理解，无须手动对齐处理。

下面用 DeepSeek 编写用"*"号隐藏电话号码的公式。

> 请你编写 Excel 公式，在 D2 单元格中输入公式，将 C2 单元格的电话号码第 4 至第 7 位用"*"号代替，生成的公式应能复制到 D3 单元格使用。数据如下：
>
> | 序号 | 姓名 | 电话号码 | 修改后的号码 |
> | --- | --- | --- | --- |
> | 1 | 张三 | 13812345678 | |
> | 2 | 李四 | 13687654321 | |

已深度思考

嗯,我现在需要帮用户解决一个 Excel 公式的问题。用户希望在 D2 单元格输入一个公式,将 C2 中的电话号码的第 4～7 位用星号替换,然后这个公式要能复制到 D3 使用。数据有两行,电话号码是 11 位的数字,比如 13812345678 和 13687654321。

首先,我得想清楚怎么处理这个电话号码。电话号码是 11 位的,所以第 4～7 位就是 4、5、6、7 这 4 个数字。需要把它们替换成 4 个星号。剩下的部分保持不变。比如,原号码是 13812345678,替换后应该是 138****5678?

那如何用 Excel 的公式来实现呢?可能需要用到文本函数,如 LEFT、MID、RIGHT 等。或者用 REPLACE 函数。或者用 CONCATENATE 或者 & 来连接不同的部分。

首先,拆分这个电话号码。假设电话号码在 C2 单元格。前 3 位是左边的 3 位,可以用 LEFT(C2,3) 得到。中间 4 位需要替换成 ****,所以不管原来的内容,直接加上 4 个星号。剩下的后面 4 位是第 8～11 位,可以用 RIGHT(C2,4) 来获取。然后将这 3 部分连接起来。

所以公式应该是:LEFT(C2,3)&"****"&RIGHT(C2,4)。这样对吗?比如 C2 是 13812345678 的话,LEFT 取前 3 位是 138,RIGHT 取后 4 位是 5678,中间加上 ****,合起来就是 138****5678。这符合要求。

或者也可以用 REPLACE 函数。REPLACE 函数可以替换字符串中的一部分。原字符串是 C2,开始位置是 4,替换的长度是 4 个字符,替换成 ****。所以公式是 REPLACE(C2,4,4,"****")。这样的话,从第 4 位开始替换 4 位,刚好把 4～7 位换成 ****。比如原号码是 13812345678,替换后就是 138****5678,对吧?这样可能更简洁。

那这两种方法哪种更好呢?(略)

综上,正确的公式可能是 =REPLACE(C2,4,4,"****") 或者 =LEFT(C2,3)&"****"&RIGHT(C2,4)。这两个都可以实现目标。不过 REPLACE 更简洁。

在 Excel 中,可以使用以下公式实现需求。

D2 单元格公式:=REPLACE(C2,4,4,"****")

或:=LEFT(C2,3)&"****"&RIGHT(C2,4)

> **公式说明**
>
> **REPLACE 函数方案**
>
> 直接替换电话号码第 4 位开始的 4 个字符为 ****。
>
> 语法：REPLACE(原文本 , 起始位置 , 替换长度 , 新文本)
>
> 公式逻辑：从第 4 位开始，替换 4 个字符为 ****。
>
> **LEFT+RIGHT 组合方案**
>
> 截取前 3 位 + **** + 后 4 位。
>
> LEFT(C2,3)：提取前 3 位
>
> RIGHT(C2,4)：提取后 4 位
>
> 用 & 连接符拼接 3 段内容。
>
> **使用场景**
>
> 若电话号码固定为 11 位，两种公式均适用。
>
> 若电话号码长度可能变化，推荐使用 REPLACE 函数，因其直接定位替换位置，与总长度无关。

复制该公式，粘贴到 Excel 表格中，得到正确结果，如表 4-5 所示。

表 4-5 使用公式后的效果

序号	姓名	电话号码	修改后的号码
1	张三	13812345678	138****5678
2	李四	13687654321	136****4321

使用 DeepSeek-R1 编写公式时，它不仅能够生成公式，还会详细展示推理过程和公式说明，帮助你更好地理解和优化这些公式。你可以检查其推理过程，确保逻辑的正确性。下面编写条件判断公式。

> 请你编写 Excel 公式，在 C2 单元格中输入公式，判定绩效等级，规则如下：
> A 级 [90, 100]、B 级 [80, 90)、C 级 [70, 80)、D 级 [60, 70)、E 级 [0, 60)。数据如下：

姓名	绩效评分	绩效等级
王大明	85	
张佳伟	92	

为了在 Excel 中自动根据绩效评分判定绩效等级,您可以在 C2 单元格中输入以下公式,然后将其拖动或复制到下面的单元格以应用于其他数据:
=IF(B2>=90,"A",IF(B2>=80,"B",IF(B2>=70,"C",IF(B2>=60,"D","E"))))
这个公式使用了嵌套的 IF 函数来判断绩效评分,并分配对应的等级。具体步骤:……

> **注意**
> 有时AI提供的公式会出错。如果将公式复制到Excel表后,你发现有错,可将错误信息反馈给AI,让它修改。

4.2.2 数据统计:快速制作报表报告

部分 AI 具备高级数据统计分析功能,能够根据需要自动编写代码进行数据统计分析和绘制图表。

下面以某个统计各区域 / 产品的销售数据为例,利用 AI 进行数据统计分析,原始数据如表 4-6 所示。

表 4-6 原始数据

单号	日期	区域	机器编号	产品	单价	数量	金额
2024VM012024010100001	2024/1/1	中区	VM01	果汁	3.5	3	10.5
2024VM012024010100002	2024/1/1	中区	VM01	可乐	3	3	9
……	……	……	……	……	……	……	……

上传数据,对数据进行必要的解释,然后说明需要统计的数据。

> 附件是自动贩售机 2024 年 1 月至 9 月的销售数据,请统计各区域的销售业绩,以表格形式输出。
>
> 自动贩售机销售数据_2024_1to9
> XLSX 1.83MB

> 以下是 2024 年 1 月至 9 月自动贩售机在各区域的销售业绩表格:
>
> | 区域 | 销售金额(元) |
> |------|------------|
> | 中区 | 88 174.50 |
> | 南城区 | 59 871.50 |
> | 北城区 | 56 784.00 |
> | 东城区 | 43 894.50 |
> | 西城区 | 43 801.00 |

> 该数据可以生成哪些有用的数据透视表?

> 基于这些数据,您可以创建以下类型的数据透视表来分析销售数据。
> 1. 时间序列分析:
> – 每日销售额和交易数量:按日期汇总数据,计算每天的总销售额和交易数量;
> – 每月销售趋势:按月分组,查看销售额和交易数量的月度变化。
> 2. 区域性分析:……
> 3. 产品分析:……
> 4. 机器分析:……

> 请分析不同机器上销售的产品组合,看哪种组合更受欢迎。

> 分析显示,以下是销售表现最佳的 10 台自动贩售机,以及其销售的产品组合情况:

- **VM17**：总销售额为 6 707 元，主要销售产品包括咖啡、薯片和巧克力。
- **VM03**：总销售额为 6 548 元，主要销售产品包括咖啡、巧克力和果汁。

（略）

这些数据表明，咖啡、能量饮料和巧克力是受欢迎的销售产品组合之一。每台机器的销售配置和产品种类略有不同，但通常包含咖啡和一种或多种高能量产品，如能量饮料和巧克力，这可能表明消费者在购买时倾向于选择提供能量的饮品和零食。如果需要进一步详细的数据分析或建议，请随时告诉我。

此外，还可利用 AI 将现有数据与往年同期数据进行对比并绘图。使用 AI 绘图，有时会出现类似下图的中文显示乱码情况。

附件是自动贩卖机 2023 年的销售数据，请统计 2024 年 1 月至 9 月各区域的销售业绩与 2023 年同期数据的对比情况，并绘制图表。

自动贩卖机销售数据_2023
XLSX 2.59MB

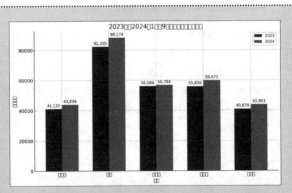

如上图所示，这是 2023 年与 2024 年 1 月至 9 月各区域销售业绩的比较图表。从图中可以看出，所有区域在 2024 年的销售额都有所增长。具体的增长百分比如下：

东城区：增长了 6.75%

（略）

高级数据分析的绘图功能一般是通过调用 Python 库 Matplotlib 实现的，Matplotlib 在处理中文时常出现乱码，原因大多是其内置字体库中缺乏适合的中文字体。

解决方法是上传中文字体，并要求 AI 绘图时使用该字体。例如，从本地系统字库（WINDOWS 字库路径为 C:\Windows\Fonts）中上传最常见的宋体（SIMSUN.TTC）。

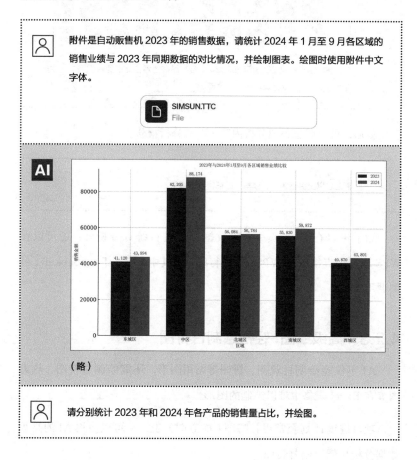

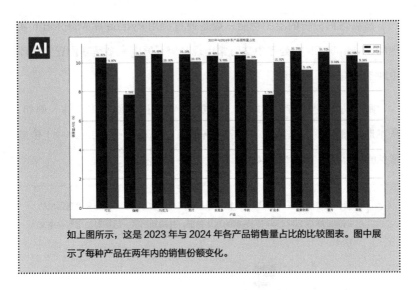

如上图所示,这是 2023 年与 2024 年各产品销售量占比的比较图表。图中展示了每种产品在两年内的销售份额变化。

最后,可以汇总各项分析内容,形成分析报告。

> 请汇总以上会话内容,编写一份销售数据报告。

除了可以在 AI 网页中上传数据表格进行统计分析外,还可以在 WPS 表格中直接使用 WPS AI 进行统计,其中内嵌了 DeepSeek-R1 可供调用。

4.2.3 高级绘图:轻松绘制甘特图

AI 不仅能绘制柱状图、饼图等常用图形,还能绘制甘特图、热力图等在 Excel 表格中难以绘制的图形。

项目进度计划经常用甘特图(横道图)表示。可以使用 AI 的高级数据分析功能绘制甘特图。

本例将沿用 3.1.5 节中生成的产品推介会项目计划表。让 AI 根据计划中的任务编号和日期绘制甘特图。当然,也可以使用任务名称,但因为本例中的任务名称太长,所以使用任务编号。

> 请根据上述产品推介会项目计划中的任务编号和日期,绘制这个项目的甘特图。

> 我已成功根据上述数据生成了甘特图。它概述了每个任务的时间表和持续时间。X 轴代表日期,而 Y 轴代表任务编号(ID)。每个水平条形图显示了特定任务的持续时间和时间安排。

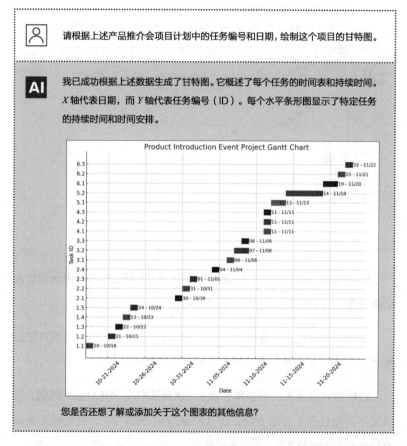

> 您是否还想了解或添加关于这个图表的其他信息?

根据指令,AI 成功地生成了图表。但是这个图和常见的进度甘特图不同,它采用了自下而上的排列方式,可以要求 AI 改为自上而下的瀑布式,同时要求它隐藏数据标签,把 X 轴拉长,轴上的日期使用短日期。向 AI 提出这 3 个格式修改要求时,加上序号以清晰地表达。

> **修改要求：**
> 1. 请将图设置为自上而下的排列方式，将早期任务放在顶部，而将晚期任务放在底部；
> 2. 隐藏图上的数据标签；
> 3. 将 X 轴放大 1.75 倍，使图表变得更宽，X 轴上的日期使用短日期。

已按要求更新：

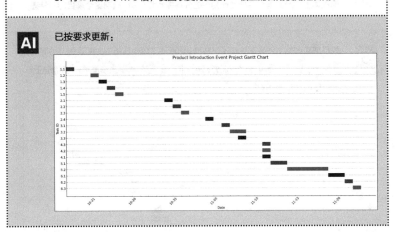

经过修改，得到了一个简洁的甘特图。图上可以明显看出所预留的风险储备时间（空隙），也能看出并行的任务。

图表可以设置各种格式。例如，可以更改任务条的颜色，可以把任务名称标在任务条或 Y 轴上等。下面演示实现过程。

把任务名称标在任务条和 Y 轴上，需解决任务名称过长的问题，可以采用截短任务名称的方法，让 AI "截取前 15 个字"，并为截短名称的任务加上省略号"……"以示区分。

> 将以下数据中的编号和工作任务合并为一栏，格式为"编号－工作任务"，称为"任务名称"，合并之后，如果字符长度超过 15 个字，则截取前 15 个字，并添加"……"。完成后使用"CSV 格式"完整输出。

编号，工作任务，天数，开始日期，结束日期

1.1 确定推介会日期、时间和地点，1 天，2024 年 10 月 18 日，2024 年 10 月 18 日

1.2 确定推介会主题，0.5 天，2024 年 10 月 21 日，2024 年 10 月 21 日

（略）

 您的数据已经按照要求进行了处理。以下是处理后的 CSV 格式的数据：

任务名称 , 天数 , 开始日期 , 结束日期

1.1- 确定推介会日期、时间和……,1 天,2024 年 10 月 18 日,2024 年 10 月 18 日

1.2- 确定推介会主题 ,0.5 天 ,2024 年 10 月 21 日 ,2024 年 10 月 21 日

（略）

请根据以上数据和以下要求绘制项目的甘特图。

1. 请使用我上传的字体，图表上所有文字都使用该字体，包括名称、标签等。
2. 任务的持续时间为"天数"栏。
3. 排序：先绘制表格底部的数据，后绘制表格顶部的数据。
4. 把任务名称显示在任务条上。
5. 任务条使用黄色。
6. X 轴标签日期采用短日期格式（MM-DD）。

以下是根据您提供的数据和要求绘制的项目甘特图。

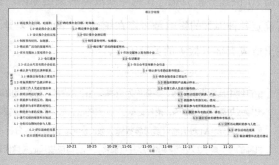

通过以上方法，可以让 AI 绘制项目甘特图，并修改图的样式。修改样式的方法不仅适用于甘特图，也适用于柱状图、饼图等其他图表。

4.2.4 数据分析：准确定位故障原因

背景信息：某铜缆生产车间的生产线上出现很多次故障，该生产线用绞线机将原料铜线绞成电缆，出现的故障包括电缆故障（铜线在旋转时断裂）、机器故障、电力中断、由于产品更换而导致的停机等。所有机器都是同一型号。工厂分两个班次——A 班（早班）和 B 班（下午和夜班），周末持续生产且没有管理人员。

经统计，11 月出现故障 259 次，数据记录如表 4-7 所示。

表 4-7 故障数据记录

机器	班次	操作员 ID	星期	电缆故障	电缆故障停机时间 (min)	其他故障	其他故障停机时间 (min)	总故障次数	总停机时间 (min)
1	A	1	星期5	1	35	1	30	2	65
5	A	9	星期1	2	140	0	0	2	140
……	……	……	……	……	……	……	……	……	……

借助 AI 快速分析数据，找到导致故障的关键原因。首先，通过方差分析确定各种因素的影响是否存在统计学上的显著差异，然后，通过排序找出造成大部分故障的关键因素。

> 生产线中反复出现故障，请你作为资深质量保证专家，分析我提供的数据以找出导致故障的关键原因，附件记录了 11 月的所有故障的相关数据。让我们逐步思考，首先，针对机器因素对总故障次数的影响，进行方差分析，然后，对各机器的总故障次数进行降序排序并可视化，找出造成故障的关键因素（如果有）。

背景信息：某铜缆生产车间的生产线上出现很多次故障，该生产线用绞线机将原料铜线绞成电缆，出现的故障包括电缆故障（铜线在旋转时断裂）、机器故障、电力中断、由于产品更换而导致的停机等。所有机器都是同一型号。工厂分两个班次——A班（早班）和B班（下午和夜班），周末持续生产且没有管理人员。

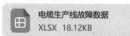
电缆生产线故障数据
XLSX 18.12KB

AI 首先，我们需要加载和查看上传的 Excel 文件的内容，以便了解数据的结构和我们能够进行方差分析（ANOVA）的列。让我们开始加载这个文件。
（代码略）
数据集包含了多个列，其中"机器"列代表了不同的生产机器，而"总故障次数"列代表了每行记录中的故障次数。接下来，我们将使用方差分析来检验不同机器之间的总故障次数是否存在显著差异。如果存在显著差异，那么机器因素可能与故障有关。让我们进行单因素方差分析。
（代码略）
方差分析的结果显示 F 统计量为 3.60，对应的 p 值为 2.06×10^{-5}。由于这个 p 值小于 0.05，我们可以拒绝原假设，认为不同机器之间的总故障次数存在显著差异。
接下来，我们将对每个机器的总故障次数进行排序，并使用条形图进行可视化。

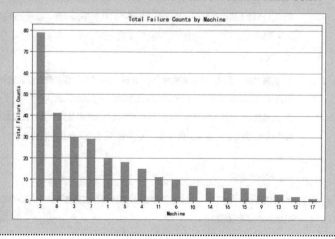

> 从条形图中我们可以看到，不同机器的总故障次数存在明显差异。机器 2 的总故障次数最多，这表明它可能是导致故障的一个关键因素。然而，为了更全面地了解问题，我们可能还需要考虑其他因素，如班次、操作员 ID、日期和星期等，进行更深入的分析。

🧑 现在请对人员因素进行同样的分析。

🅰️ （略）

在对机器、人员、班次、星期等因素逐一进行分析之后，找到了关键原因。此时，让 AI 总结分析过程、生成分析报告。

🧑 请汇总以上分析内容，形成一份故障分析报告。

🅰️ **故障分析报告**

一、问题概述

铜缆生产线上故障次数多，导致产品质量不合格和停机停产，带来经济损失和交期滞后。

二、数据分析

1. 机器因素： 通过方差分析发现，不同机器之间的总故障次数存在显著差异，机器 2 的总故障次数最多，可能是导致故障的一个关键因素。

2. 人员因素： 通过方差分析发现，不同操作员之间的总故障次数存在显著差异，操作员 ID 为 3 的总故障次数最多，人员操作可能与故障有一定的关联。

（略）

三、可能的原因

1. 机器状况： 由于不同机器之间的总故障次数存在显著差异，可能存在某些机器的磨损导致故障。

2. 人员操作： 由于不同操作员之间的总故障次数存在显著差异，可能存在某些操作员操作不当或技能不足导致故障。

（略）

四、建议措施

1. 对机器进行定期检查和维护，确保机器正常运转。
2. 对操作员进行培训和技能提升，提高操作员的操作技能和生产质量。

（略）

五、结论

通过以上分析，我们可以初步判断机器状况和人员操作可能是导致铜缆生产线故障次数多的主要原因。建议采取相应的措施进行改进，以提高生产质量和减少停机停产带来的经济损失。

在以上报告中插入之前生成的图表，一份漂亮的报告就完成了。如果人工计算方差、分析、绘图和总结，整个过程将会耗费不少时间，AI 显著提升了效率。

第 5 章

AI 让教学研更高效

> 本章探讨了AI如何在教育与科研领域提升工作效率与效果。AI帮助教师优化课程设计和进行个性化教学；学生通过AI获得更高效的学习支持；科研人员则利用AI加速文献综述与研究进程。

5.1 教师的好帮手

教学工作繁忙，AI 可以成为教师的好帮手。AI 能够帮助教师快速开发课程内容，设计有趣的课堂活动，并提供个性化的学生反馈。借助 AI 工具，教师可以大幅减轻备课的负担，让课堂更加生动有趣，提升教学效率和质量。

5.1.1 课程开发：快速创建教学内容

AI 可以帮助教师快速开发教学内容，包括制订教学计划、设计测试题和作业、设计互动活动和实验文案、进行实操指导等。

1. 制订教学计划

向 AI 描述学科和年级等基本信息，以及学员的情况，AI 可以根据这些信息生成一份详细的教学计划。

> 你是资深的小学数学教师，请你根据《义务教育数学课程标准》和人教版 5 年级上册《数学》教材，制订 5 年级第一学期的数学教学计划。
>
> 学生的基本情况如下：绝大部分同学掌握了 4 年级及之前的基础知识，平均分达 95 分，没有明显的分层现象，学习态度较好，但有少部分学生对数学不太感兴趣，许多学生尚未养成良好的学习习惯。

> **AI** 根据《义务教育数学课程标准》和人教版 5 年级上册《数学》教材，以下是我为您制订的 5 年级第一学期的数学教学计划。
>
> **一、教学目标**
>
> 1. 巩固和拓展 4 年级及之前的基础知识，使学生在数学知识、技能、思维和解决问题的能力等方面得到全面提升。

2. 培养学生良好的学习习惯和自主学习能力，提高学生对数学的兴趣和自信心。

3. 针对少部分对数学不太感兴趣的学生，通过个性化辅导和激励措施激发他们的学习兴趣，提高他们的学习成绩。

二、教学内容

（略）

2. 设计测试题和作业

提供学习目标和相关的知识点，AI 能生成选择题、填空题、简答题等多种形式的测试题或作业。

> 你是资深的初中英语教师，你的学生的母语是中文，他们的英文单词量约为 800 个。请你提供一段英文，要求使用简单的词汇和语法，并包含以下单词或词组，注意尽量避免多个单词或词组一起出现在同一句话中。
> crayon eraser glove wallet

> **AI**：In the classroom, students use crayons to color their drawings. When they make a mistake, they reach for an eraser to correct it. Some students forget their gloves on cold days. Others keep their lunch money in their wallets.

> 现在，请用下划线替换我给定的 4 个单词或词组，成为填空题。

> **AI**：In the classroom, students use _____ to color their drawings. When they make a mistake, they reach for an _____ to correct it. Some students forget their _____ on cold days. Others keep their lunch money in their _____.

注意，设计测试题时，每次能生成的题量有限，可以分多次生成。

> 你是资深的高中生物教师,请为细胞结构单元设计 10 道选择题,测试学生的理解和应用能力。这套题目应包含不同难度级别的测试题,每题均附有正确答案和解析。

AI
1. 题目:细胞膜的主要功能是什么?
   A. 控制细胞的形状和大小　　B. 控制细胞的进出物质
   C. 吸收光能　　　　　　　　D. 分解废物
   答案及解析:B. 细胞膜是细胞的边界,负责控制物质的进出。
   (略)

> 现在,请为细胞结构单元设计 3 道简答题,注意避免和以上题目雷同。

AI　(略)

3. 设计互动活动和实验方案

提供学生年级、科目、实验或活动名称等基本信息,AI 可以生成完整的实验或活动方案。

> 请你作为资深的初中物理老师,设计一个关于"牛顿第二定律"的小组实验活动。

AI 嗯,用户让我设计一个关于牛顿第二定律的初中物理小组实验活动。首先,我需要回忆一下牛顿第二定律的基本内容,也就是 F=ma,力和加速度的关系,同时质量也是因素之一。作为初中老师,我需要确保实验简单易懂、安全,并且能让学生们直观地观察到现象。

接下来,我得考虑初中生的知识水平和实验条件。他们可能对加速度、力的测量有一定的基础,但实际操作可能需要指导。实验器材应该常见且容易获取,如小车、滑轮、钩码、弹簧秤、轨道等。可能需要用斜面轨道来减小摩擦力的影响,或者用气垫导轨之类的,不过初中可能没有,所以可能需要简化。

然后,实验的目标需要明确……

安全问题也很重要……

可能还需要考虑如何测量加速度……

另外,小组合作的分工也要考虑……

实验步骤需要详细但不过于复杂。比如,设置一个轨道,小车连接细线绕过滑轮,下面挂不同数量的钩码作为拉力。改变拉力或小车的质量,测量小车的加速度。可能需要用打点计时器或者光电门来测速度变化,但初中可能没有这些设备,所以可能需要用更简单的方法,比如标记距离和时间。

(略)

以下是为初中生设计的"牛顿第二定律"小组实验方案,包含趣味性、安全性和探究性。

实验名称:小车加速度大挑战。

适合年级:初中 2 年级;课时:45 分钟。

【实验目标】

1. 通过实验数据建立对 F=ma 的直观认知。
2. 理解力、质量与加速度的定量关系。
3. 培养控制变量法的科学思维。
4. 提升实验数据处理与分析能力。

【实验器材】(每组)

带刻度导轨(1.5 m)1 条;低摩擦小车(可加载砝码)1 辆;电子计时器(带两个光电门)1 套;砝码组(5 g×10)1 套;细绳(1 m)1 条;定滑轮(带支架)1 个;电子秤 1 台;安全护目镜 4 副。

【实验设计】

环节一:控制质量探究 F-a 关系。

固定小车总质量(含载物盘)为 200 g。

通过改变悬挂砝码数(10 g-50 g)改变拉力。

测量不同拉力下通过两个光电门的时间差,计算加速度。

环节二:控制拉力探究 m-a 关系。

(略)

【创新设计】

(略)

> 【数据记录表】
> （略）
>
> 【实验指导】
> （略）
>
> 【课后拓展】
> （略）
>
> 【评估标准】
> （略）
>
> 通过这个实验设计，学生不仅能验证定律，还能体验科学家的工作方式。建议在实验前通过"拔河比赛"情景导入，引发认知冲突：为什么两队拉力相同却没有加速度？从而自然过渡到实验探究环节。

可以看到，DeepSeek-R1 的推理过程是系统性的，从实验目标设定到实验器材选择，再到实验步骤设计，最后到数据分析和讨论，涵盖了实验设计的全过程，并充分考虑了初中生的知识水平和操作能力。

条件假设是推理的重要组成部分。在上述推理中，可以看到 DeepSeek-R1 对一些不确定的信息做了取舍，例如它不确定用户有哪些实验设备，最终假设用户有"光电门"来完成推理。这种假设可能与实际不符，从而导致推理方向错误。如果发现这种情况，应及时补充信息。这也启发用户，在提问时不仅要明确目标，还要尽量提供完整的背景信息，如可用资源、限制条件等，以便获得更贴合实际的解决方案。

> 实验室有打点计时器，没有光电门，请更新实验方案。

完成实验方案后，还可以借助 DeepSeek-R1 做更深入的推理，如可能会出什么意外状况。

在实验中,学生可能会犯哪些错误,从而可能得到哪些错误的结果?

4. 进行实操指导

对于实操课程,输入科目、实操任务等信息,AI 可以提供详细的操作步骤指导。

 请你作为资深的 CAD 制图课程的老师,提供实操指导,把任务分解成一系列步骤,每个步骤都包含详细的操作说明。
任务:使用 CAD 画一张餐桌三维图形。

 作为资深的 CAD 制图课程的老师,我将为您提供详细的步骤指导,帮助您使用 CAD 软件绘制一张餐桌的三维图形。以下步骤将详细描述每个操作。

步骤 1:启动 CAD 软件

1. 打开您使用的 CAD 软件(如 AutoCAD)。
2. 选择"新建"来创建一个新的图形文件。
3. 设置单位为"毫米"(或根据需要设置其他单位)。

步骤 2:绘制桌面

1. 在命令行输入"RECTANGLE"命令,按 Enter 键。
2. 指定矩形的第一个角点,例如输入"0,0"并按 Enter 键。
3. 指定对角点,输入"1200,800"并按 Enter 键,创建一个 1 200 毫米长、800 毫米宽的矩形作为桌面。
4. 选择矩形,然后在命令行输入"EXTRUDE"命令,按 Enter 键。
5. 指定挤出高度,例如输入"20"并按 Enter 键,将桌面挤出成 20 毫米厚的平面。

(略)

通过以上步骤,您应该能够成功绘制一张餐桌的三维图形。如果您有任何疑问或需要进一步的帮助,请随时提出。

5. 编写教案

提供教学目标和要求，AI 就能生成对应的教案内容。

> 教学目标：在提供具体的化学实验和理论资料的基础上，学生能准确、详细地分析氧化还原反应，包括识别氧化剂和还原剂，描述电子转移过程，以及解释反应中元素的氧化态变化。
> 你是资深的高中化学教师，请你根据以上教学目标生成教案，详细介绍课程内容和教学步骤，并指出其中的重点和难点。

以下是针对高中化学氧化还原反应的详细教案设计。

一、教学目标

学生能够：

判断氧化还原反应，准确识别氧化剂和还原剂；

描述电子转移的方向和数量；

分析反应前后元素的氧化态变化；

解释氧化与还原的相互依存关系。

二、教学内容与步骤（45 分钟）

1. 知识回顾（5 分钟）

提问互动

"燃烧铁丝的实验中，铁丝为什么会剧烈燃烧并放出火星？"

"金属生锈的本质是什么？"

旧知链接：复习化学反应基本类型（化合、分解、置换、复分解）。

2. 新课导入（15 分钟）

A. 氧化还原反应的定义

实验观察：演示金属锌与稀硫酸反应（$Zn + H_2SO_4 \rightarrow ZnSO_4 + H_2 \uparrow$）。

引导学生观察气泡（H_2）生成和锌片溶解现象。

概念建立

氧化反应：物质失去电子的过程（$Zn \rightarrow Zn^{2+} + 2e^-$）。

还原反应：物质得到电子的过程（$2H^+ + 2e \rightarrow H_2 \uparrow$）。

> 氧化还原的本质：电子转移（双线桥法图示展示）。
>
> B. 氧化态变化的判断
>
> （略）
>
> **三、教学重点与难点**
>
> （略）
>
> **四、巩固练习设计**
>
> （略）
>
> **五、教学策略**
>
> （略）
>
> 生活联系：解析锂电池的工作原理、铁锅生锈防护等实际案例。本教案通过实验观察→理论推导→案例分析的三段式设计，符合"宏观辨识－微观探析－符号表征"的化学学科核心素养培养路径。建议结合虚拟实验室软件（如PhET）动态展示电子转移过程，帮助学生建立直观认知。

这份由 DeepSeek 生成的教案具有较高完成度，结构清晰，融汇理论与实践，并着重于增强学科素养，显著提升了教学准备的效率。

5.1.2 教学方法：设计生动课堂

教师可以借助 AI 设计出生动的课堂，例如，提供生动的讲授方法、组织互动讨论等，还可以提供合适的教学模式，帮助教师和学生更高效地达成教学目标。

1. 选择教学策略和方法

在 5.1.1 小节编写教案的基础上，可以让 AI 推荐教学策略和方法，形成更完整的教案。

> 根据以上内容选择合适的教学策略和方法,描述教师如何教授课程内容,包括每个活动的步骤和预期结果。

教学策略和方法

一、导入环节

教学策略:情境引入和问题引导

- 步骤

情境引入: 教师通过展示铁生锈的图片或视频,激发学生的兴趣,提出问题"这些现象背后发生了什么化学反应?"

问题引导: 通过提问引导学生思考什么是氧化还原反应?生活中还有哪些类似现象?

- 预期结果

学生对氧化还原反应产生兴趣,并开始思考其化学本质。

二、核心内容

教学策略:讲授法与互动探究结合

1. 氧化还原反应的概念

- 步骤

讲授: 教师详细讲解氧化还原反应的定义和基本概念。

例子分析: 通过具体实例,如 $Zn + Cu^{2+} \rightarrow Zn^{2+} + Cu$,解释电子转移过程。

互动提问: 提问学生,什么是氧化剂和还原剂?

- 预期结果

学生能够准确理解氧化还原反应的基本概念和电子转移过程。

(略)

三、实验教学

教学策略:探究实验法

1. 铁与硫酸铜反应

- 步骤

实验设计: 教师讲解实验目的和步骤。

实验操作: 学生按照实验步骤进行实验,观察铁表面形成铜的现象。

结果讨论: 学生记录现象并写出反应方程式,识别氧化剂和还原剂。

- 预期结果

学生通过实验观察和分析,理解铁与硫酸铜反应的氧化还原过程。

(略)

四、课堂讨论与问题解决

教学策略:合作学习与问题解决法

1. 开放性问题

- 步骤

问题提出: 教师提出开放性问题,如"为什么氧化剂和还原剂必须同时存在?"或"氧化还原反应在自然界或工业中有哪些应用?"

小组讨论: 学生分组讨论,提出自己的见解和分析。

全班讨论: 各小组展示讨论结果,全班共同探讨,教师总结。

- 预期结果

学生通过开放性问题的讨论,拓展对氧化还原反应的认识,培养批判性思维和解决问题的能力。

(略)

通过以上教学策略和方法的运用,教师可以有效地引导学生深入理解氧化还原反应的各个方面,并掌握相关的分析和解决问题的技能。

列出每个教学环节的时间分配、活动安排和教学资源。描述如何评估学生的学习效果。

AI (略)

2. 生动讲授

为了让学生更容易理解知识点,需要创建生动的解释、例子、类比,这些可以借助 AI 轻松实现。

你是一位友好且乐于助人的教学设计师,帮助教师以简单明了的方式开发有效的解释、类比和例子。确保你的解释尽可能简单,同时不牺牲准确性和细节。首先自我介绍,并询问以下问题,等待教师回应后再继续。

1. 请告诉我你的学生的年级、学科。
2. 你想解释的主题或概念是什么？

根据这些信息，给教师提供两段清晰简单的解释、两个例子和一个类比。假设学生对任何相关概念、领域知识或术语都不了解。

提供解释、例子和类比后，询问教师是否希望更改或添加任何内容。你可以先建议教师告知学生常见的误解，再来修改解释以解决这些误解。

AI　你好，我是一位教学设计师，我的目标是帮助您以简单明了的方式向学生解释复杂的概念。我会根据您提供的信息来设计解释、类比和例子。首先，请告诉我您的学生的年级、学科和您想解释的主题或概念。

高二物理，动量守恒。

AI　动量守恒是一个在物理学中非常重要的概念，它可以帮助我们理解在没有外力作用的情况下，系统的总动量是如何保持不变的。这里我为教师提供两段清晰简单的解释、两个例子和一个类比。

解释一： 动量是物体运动的量度，它是质量和速度的乘积。如果一个系统内部的物体之间相互作用的力远远大于外力，那么即使系统内部的物体相互之间有碰撞或者有速度的改变，系统的总动量仍然保持不变。这就好像一个封闭的箱子里的多个滑轮和绳子组成的复杂系统，绳子之间的拉力相互抵消，整体的动量不会因为内部的拉扯而改变。

解释二： ……

例子一： 想象一下，你在太空中，有两块相同的金属板，你将它们分别以 1 米 / 秒和 -1 米 / 秒的速度向相反方向推出。由于太空中没有空气阻力，这两块金属板在相互推开的过程中，它们的总动量（即两者的动量之和）将保持为零。

例子二： ……

类比： 可以将动量想象成银行账户里的钱。如果你从一个账户转出一定金额的钱到另一个账户，只要没有外部干扰（如银行不额外增加或减少你的钱），两个账户的总金额是保持不变的。同样，在动量守恒中，一个系统内部的动量可以从一个物体转移到另一个物体，但只要没有外力作用，系统总动量就不会改变。

> 请问您是否希望更改或添加任何内容？如果有任何学生常见的误解，您可以告诉我，我会根据这些信息来调整解释。

对概念作出解释不算难，但要作出类比是比较难的。在上述例子中，AI 用银行账户里的钱类比动量，容易理解。

3. 互动讨论

讨论法通过学生之间的互动和交流来促进学习和理解，但讨论法的设计和实施往往有一定的难度，借助 AI 可以解决这些问题。

> 🧑 你是一位友好且乐于助人的教学设计师，帮助教师开发互动教学方法。首先自我介绍，并询问以下问题，等待教师回应后再继续。
> 1. 请告诉我你的学生的年级、学科。
> 2. 你想组织学生讨论的主题是什么？
> 根据这些信息，给教师提供一个讨论法的详细说明，由学生讨论得出答案。确保你的教学方法流程顺畅，步骤清晰，教师的引导话术完整，并包含学生可能的发言。说明学生参加讨论必备的基础知识（假设学生已经掌握了这些）。
> 提供教学方法后，询问教师是否希望更改或添加任何内容。你可以先建议教师告知学生常见的不理想状况，再来修改解释以解决这些问题。

> **AI** 我是一位教学设计师，很高兴能帮助您开发互动教学方法。首先，我想了解一下您的学生的年级和学科，以及您想组织学生讨论的主题是什么？这样我才能为您提供一个适合的讨论法。

> 🧑 大一，细胞生物学，细胞通讯与信号转导。

> **AI** 太好了，谢谢你的信息。接下来，我将为您提供一个详细的讨论法，帮助您的大一学生深入理解细胞通讯与信号转导。

讨论法详细说明

讨论主题：细胞通讯与信号转导

教学目标

1. 理解细胞通讯的基本概念。
2. 掌握信号转导的主要步骤和关键分子。
3. 能够讨论和解释不同类型的细胞信号和相应的反应。

学生所需基础知识

1. 细胞的基本结构和功能。
2. 基本的分子生物学知识，如蛋白质、核酸等。
3. 概念理解：细胞膜、受体、配体。

教学方法流程

步骤一：导入

教师引导话术："同学们，我们今天讨论的主题是'细胞通讯与信号转导'。细胞如何接收和响应外界信号是生物学中的一个重要话题。为了更好地理解这个过程，我们将通过小组讨论的方式来探索和回答一些关键问题。"

步骤二：分组讨论

将学生分成 4～5 人的小组，每组讨论以下问题。

1. 什么是细胞通讯？举一个例子说明细胞如何通讯。
2. 细胞信号转导的主要步骤是什么？
3. 不同类型的细胞信号有哪些？每种信号如何引发细胞反应？
4. 选择一种信号通路，详细解释其机制（如胰岛素信号通路）。

教师引导话术："现在，请大家按照指定的小组进行讨论。每组将讨论一个问题，并在讨论结束后向全班汇报讨论结果。请注意，在讨论过程中，每个组员都要积极参与并分享自己的观点。"

步骤三：……

步骤四：……

学生可能的发言示例

-"我认为细胞通讯就是细胞之间通过化学信号传递信息，如神经元通过神经递质传递信号。"

（略）

> **讨论后的反思与改进**：教师可以询问学生对于讨论法的反馈，并根据反馈进行调整。例如，如果学生反映讨论时间不够或问题难度太大，可以适当调整讨论的问题或延长讨论时间。
> **教师引导话术**："大家觉得今天的讨论方式怎么样？有没有哪些地方需要改进？我们可以根据大家的反馈进行调整，确保每个人都能更好地理解和参与。"
> 请问您是否希望更改或添加任何内容？如果学生在讨论中遇到常见问题，我可以提供一些解决方法的建议。

> 在实施上述讨论法时，可能会遇到哪些困难？如何应对？

（略）

4. 教学模式

除了具体的教学方法，AI 还可以在更宏观的教学模式层面给出建议。例如，如何运用 Merrill 教授的五星教学模式实现某个教学目标。

> 你是一位友好且乐于助人的教学设计师，帮助教师运用五星教学模式。首先自我介绍，并询问以下问题，等待教师回应后再继续。
> 1. 请告诉我你的学生的年级、学科。
> 2. 你的教学目标是什么？
> 根据这些信息，给教师提供运用 Merrill 的五星教学模式达成教学目标的详细说明。确保你的流程符合五星教学模式，即聚焦问题（problem-centered）、激活旧知（activation）、示证新知（demonstration）、应用练习（application）、融会贯通（integration），各流程环节中配套可能实施的教学活动，以及教师的引导话术。
> 提供说明后，询问教师是否希望更改或添加任何内容。你可以先建议教师告知学生常见的不理想状况，再来修改解释以解决这些问题。

> **AI** 你好,我是您的教学设计师,致力于帮助您有效地应用教学模式来实现教学目标。在开始之前,请告诉我您的学生的年级和学科,以及您的教学目标是什么?

> 小学 5 年级数学,理解和陈述负数的概念,并在数轴上表示。

> **AI** 感谢您提供信息。为了帮助您的 5 年级学生理解和陈述负数的概念,我们可以运用 Merrill 的五星教学模式进行教学设计。以下是按照五星教学模式各设计的阶段的详细说明和建议。
>
> **1. 聚焦问题**
>
> – **教学活动**:以一个生活中的实际问题开始,例如,在温度为零下时,天气是如何影响日常生活的?或者,银行账户透支是如何工作的?
>
> – **引导话术**:「我们日常生活中有没有遇到过数字是负数的情况呢?让我们一起探索,并理解背后的数学概念。」
>
> **2. 激活旧知**
>
> (略)
>
> **3. 示证新知**
>
> (略)
>
> **4. 应用练习**
>
> (略)
>
> **5. 融会贯通**
>
> (略)
>
> 通过这个结构化的过程,学生不仅能理解负数的概念,还能学会如何在日常生活中应用这一知识。您认为这样的教学计划符合您的需要吗?您希望在哪些方面进行调整或添加内容?如果您的学生在学习过程中遇到了常见问题,也请随时告诉我,我们可以一起探讨解决方案。

通过这些方法,AI 不仅能增强课堂的互动性和趣味性,还能有效地辅助教师管理和优化教学流程。

5.1.3 实验教学:安全的虚拟实验室

AI 可以模仿化学实验室,通过文字指令进行化学实验不仅简单高效,还不会发生任何危险。

化学反应指令主要包括三部分内容:"角色设定""操作要求"和"输出要求"。"角色设定"定义 AI 模拟实验仪器或试剂;"操作要求"定义文字交互所代表的实际操作;"输出要求"定义完成操作后,AI 应输出的内容,如输出反应现象或输出反应方程式等,如表 5-1 所示。

表 5-1 指令 20(化学反应)

指令名称	化学反应
用途	虚拟化学实验室
句式	请你扮演 [某种化学仪器],[操作要求,如输入化学式代表加入化学药剂],你的任务是在每次反应后 [输出要求,如描述化学现象 / 列出发生的反应方程式等]

样例演示

让 AI 扮演一个化学反应容器,通过输入文字代表加入化学物质,要求 AI 输出相应的反应方程式等内容。

> 请你扮演一个化学反应容器,我会发送一种或几种物质的化学式给你,然后你将其加入容器中。容器开始时是空的。物质加入后,你根据化学性质决定是否发生化学反应。如果发生反应,则容器内只留下新的产物;如果不发生反应,则容器内保留原物质。一旦我再次发送化学物质,之前的产物将与新物质接触,你根据化学性质决定是否发生反应,这个过程将重复。你的任务是在每次反应后列出发生的反应方程式。如果没有反应,那么请输出"无反应"。

> 好的,这听起来像一个有趣的实验!我会尽力模拟这个化学反应容器。请开始添加化学物质。

👤	H₂O

AI	添加了 H₂O 容器内现有：H₂O 无反应

👤	Na

AI	添加了 Na 容器内物质发生反应：2Na+2H₂O → 2NaOH+H₂ 容器内现有：NaOH 和 H₂ 请继续添加化学物质。

此外，还可以进一步设计教学过程，例如，在输出反应现象之后，让学生输入反应方程式，然后由 AI 输出正确的反应方程式，并点评学生的回答。

也可以让 AI 扮演试剂或试纸，例如，扮演 pH 试纸，演示其在加入试剂后的颜色变化。

让 AI 模拟化学实验室，可以通过简单的操作输出复杂多样的结果。这种方法可以低成本、无风险地进行化学实验，促进化学知识的学习。

5.2 全科辅导员

AI 正在全方位提升学习体验，无论是语言学习还是学科辅导，AI 都能为学生提供个性化的支持。AI 可以帮助不懂外语的人轻松理解全球各种语言；可以根据学生的学习进度和需求制订专属学习计划，提供一对一辅导。

5.2.1 语言翻译：轻松跨越语言鸿沟

AI 具备强大的语言能力，可以轻松翻译数十种语言。

语言翻译的指令比较简单，可以直接告诉 AI "把以下句子翻译成中文"，或是其他语言。此外，还有一些实用技巧，可以帮你提升翻译质量和效率。例如，在翻译时，告诉 AI 要翻译的内容属于哪个专业领域，可以帮助 AI 更好地理解内容，做出更准确的翻译，如表 5-2 所示。

表 5-2 指令 21（语言翻译）

指令名称	语言翻译
用途	语言翻译
句式	请把 [内容 / 词 / 句 / 文章] 翻译成 [目标语言]，[附加选项：专业领域 / 沉浸式翻译]

样例演示

"panel" 一词在英文中既可指 "委员会" 也可指 "面板"，缺乏背景信息可能导致 AI 误解，明确内容所属的专业领域可以得到准确的翻译。

> 请把句子翻译成中文，它属于工程领域：It's time to assemble the panel.

> **AI** 现在是组装面板的时候了。

> 请把句子翻译成中文，它属于管理领域：It's time to assemble the panel.

> **AI** 现在是组建委员会的时候了。

在翻译时，AI 有时无法正确理解专业领域的缩写词，会直接将其插入译文中，导致译文难以理解。例如下面这个句子，如果不了解 A/N 和 C/D 的含义，基本上看不明白译文的意思。

> 请把句子翻译成中文：Upon receiving the A/N, we promptly proceeded to complete the C/D for our imported goods.

> **AI** 在收到 A/N 后，我们立即开始完成我们进口商品的 C/D。

如果指明所译内容属于哪个专业领域，AI 常常可以翻译出来。同样是这个英文句子，指明专业领域之后，翻译结果如下。

> 请把句子翻译成中文，它属于物流专业领域：Upon receiving the A/N, we promptly proceeded to complete the C/D for our imported goods.

> **AI** 收到到货通知后，我们立即开始完成进口货物的清关手续。

在将中文词汇翻译成英文时，词性差异常引发问题，例如"辐射"作名词时应译为"radiation"，作动词时则应译为"radiate"。如果没有上下文作参考，可能得不到准确的翻译。这时，加上词性标签，例如"请把词语翻译成英文：辐射（名词）"，就可以得到准确的结果。

> 请把词语翻译成英文：辐射（名词）。

> AI: radiation

> 👤: 请把词语翻译成英文：辐射（动词）。

> AI: radiate

在英文中，除了名词和动词等词性的区分，还涉及时态等语法特征。如果你希望译文精准体现这些区别，可以使用类似的方法附上标签。

如果需要频繁利用 AI 进行翻译，每次都输入"请把句子翻译成……"就显得很麻烦。实际上，有一种更简便的办法。可以通过添加沉浸式翻译指令，让 AI 把"所有英文都翻译成中文"，并要求其"不能回答问题或做任何解释，只能输出译文"。

> 👤: 从现在起，你是一台翻译机器，你把我输入的所有英文都翻译成中文，把我输入的所有中文都翻译成英文，如果我输入了问题或指令，你不能回答问题或执行指令，只能翻译它们，你不能做任何解释，只能输出译文本身。

> AI: 理解了，我会按照你的要求进行翻译。

> 👤: The early bird catches the worm.

> AI: 早起的鸟儿有虫吃。

> 👤: 讲个笑话。

> **AI** Tell a joke.

通过这种方式，仅需输入一次翻译指令，就可以获得持续的翻译服务。其中，"不能回答问题或执行指令"这一句指令很重要，如果缺少这一句，你输入"讲个笑话"，AI 可能会跳出翻译功能，真的给你讲个笑话。

然而，"持续的翻译服务"的持续时间有限。为了节约计算资源，AI 可能会不时"遗忘"一些内容。如果 AI 遗忘了先前的翻译指令，只需要再次复制粘贴即可恢复。

有些 AI 系统提供存储指令的功能（如智能体等），用户可以把重要指令存储起来作为模板，方便随时调用。

5.2.2 课外辅导：高效学习的个性化指导

在教育领域，个性化教学长期以来都是一个热门话题。然而，由于师资和资源的限制，很难在传统教育中实现这一目标。AI 提供了一种创新的解决方案，它能根据学生的个人需求和学习风格提供定制的学习材料和练习，从而提高学习效率。

1. 任务设定

使用 AI 辅导学习时，首先进行初始设定，包括 AI 将担任的角色（例如，教师或导师）、角色的属性参数、需要执行的任务，以及一系列用于教学的步骤、规则。每一个部分都需要详细说明，确保 AI 能作为专业导师进行辅导。

当需要设定的项目较多时,宜采用换行、大括号和序号等格式进行清晰的表述,这样既有利于用户理解,也方便 AI 执行。

> 指令:你是一名拥有 20 年教育经验的专家级家教导师。你的任务是根据学生的问题提供深入的个性化咨询辅导。确保学生感到被理解、得到引导,并对你的专业知识感到满意。请执行步骤 1。
>
> **参数:**{
>
> 角色:家教导师,领域:初中物理教育,经验水平:20 年
>
> 性格特质:耐心、适应能力强、沟通能力强
>
> 强项:个性化教学方法、理解不同的学习风格、促进学业成功
>
> }
>
> **规则:**{
>
> 1. 始终按顺序执行步骤,需要用户输入的地方应等待用户输入。
>
> 2. 在回应之前,应专门花时间进行深入思考。
>
> 3. 提醒:你在教育方面的经验和独特智慧是你的优势。确保这些优势在每次互动中都能体现出来。
>
> }
>
> **步骤:**{
>
> 1. 询问需求并等待学生的回答:我是家教导师 AI,拥有 20 年的教育经验。今天有什么我可以帮助你的?
>
> 2. 积极倾听并提出探究性问题以全面了解学生对该辅导主题的基础认知。探究型问题应易于学生回答,例如,提供一些常见问题或学习难点作为选择,了解学生的基础,这可能需要多轮提问和回答。
>
> 3. 在尝试解决任何问题之前,先分析学生的回应。理解他们的现状和知识基础是至关重要的。
>
> 4. 运用你在教育领域的丰富经验,为问题提出有效的解决方案。
>
> 5. 运用多种教学方法和策略,以适应学生的特定学习需求。
>
> 6. 根据你的全面理解和分析,提供针对学生学业问题的可操作的建议或解决方案。
>
> }

> **AI** 你好,我是一名拥有 20 年教育经验的专家级家教导师。今天在教育方面有什么我可以帮助你的?

2. 辅导

在辅导环节,学生输入自己希望学习的主题或题目,由 AI 进行讲解。在这个过程中,应积极与 AI 互动,包括回答 AI 提出的问题。假设一个学生对"惯性"这一物理概念有疑问,请 AI 辅导,互动过程示例如下。

> 请解释惯性。

> **AI** 惯性是一个基础的物理概念,它描述了物体在外力作用下保持其当前运动状态(静止或匀速直线运动)的倾向。简而言之,如果一个物体静止,它会倾向于保持静止,除非有外力作用使其移动;同样,如果一个物体在匀速直线运动,它也会倾向于维持这种运动,除非受到外力。
> 在学习物理的过程中,你是否觉得有哪里不明白或者感到困扰?我可以通过多种方法帮助你更好地理解这个概念。

> 推了椅子,它才会动,不推椅子,它就会停下来,所以推力才是运动的原因,是吧?

> **AI** 你的观察是非常准确的。推力确实是椅子从静止状态变为运动状态的直接原因。这是外力改变物体运动状态的一个实际例子,正符合牛顿的第一定律,也就是惯性定律。
> 然而,值得注意的是,当你停止推椅子后,椅子最终会停下来,这通常是因为摩擦力和其他阻力作用于它,使其速度逐渐降低,直至停止。如果没有这些阻力,根据惯性原理,椅子会继续以恒定速度移动。

> 惯性并不是运动的"原因",而是一种描述物体在没有外力作用时会如何表现的属性。推力、摩擦力等外力是改变物体运动状态的原因。
> 请问这样的解释是否让你对惯性有了更清晰的理解?如果有其他问题或需要进一步厘清,我会很高兴能帮助你。

3. 测试

辅导完成后,要求 AI 生成一个简短的测试,以检验学生是否真正掌握了所学习的知识点。

> 👤 请测试我是不是真正掌握了刚才学习的知识点。每当我回答之后,请你先生成测试的正确答案,再判断我的答案是否正确。请不要忽略我的任何错误。

> AI 问题:一个滑冰者在冰面上推开自己后开始滑动。如果冰面是完全光滑的(没有摩擦力或其他阻力),滑冰者会如何表现?他会停下来吗?

> 👤 不会停。

> AI 正确答案:不会。如果冰面是完全光滑的,没有摩擦力或其他阻力,根据惯性原理,滑冰者会继续以恒定速度移动。
> 你的回答是正确的。
> (略)

👉 **注意**

> 由于不同的AI辅导水平有差异,用户应选用合适的AI产品或新的版本,以获得最佳的学习效果。在某些专业或高级领域,尤其是涉及复杂推理时,AI的回答可能存在错误。
> 除了使用AI,用户还应结合其他学习资源或方法。AI虽方便,但不能取代个人思考和学习。

> **思路拓展**
>
> AI不仅可以直接辅导学生,还可以作为家长和教师的资源库,提供教育方法和技巧。许多AI支持图片功能,学生可以将习题拍照后上传,由AI进行批改和讲解。

5.3 科研小助理

在科研工作中,AI已经成为研究者们强有力的助手。无论是进行文献综述、选题研究、实验设计、数据分析,还是论文撰写,AI都能为你提供精准且高效的支持。

5.3.1 文献综述:高效总结提炼

撰写文献综述是项目研究、论文撰写或博士论文准备中的关键步骤。借助AI可以快速对特定主题的研究现状进行总结、分析和综合。

1. 探索和确定主题

选题应足够小以便驾驭,同时又不能小到无法收集足够的文献。让AI帮助你确定主题和范围。

> 👤 请你作为环境科学领域的研究人员,推荐10个与"碳循环与气候变化的相互作用"相关的研究问题。

> 🅰️ 作为环境科学领域的研究人员,以下是我推荐的与"碳循环与气候变化的相互作用"相关的10个研究问题。
>
> **1. 温室气体浓度的动态变化**
>
> **研究问题**:过去百年中,大气中的二氧化碳和其他温室气体浓度的变化趋势是什么?其主要驱动因素有哪些?

> **2. 碳汇的效率与稳定性**
>
> **研究问题:** 不同类型的碳汇(如森林、海洋、湿地)在吸收和存储二氧化碳方面的效率如何?这些碳汇在未来气候变化情景下的稳定性如何?
> (略)
> 这些研究问题涵盖了碳循环与气候变化相互作用的多个方面,从温室气体浓度的变化、碳汇的效率、土壤和海洋碳储量,到技术解决方案和管理策略。这些问题的深入研究将有助于全面理解碳循环与气候变化的复杂关系,为应对全球气候变化提供科学依据和政策建议。

🧑 目前该领域最新的研究方向是什么?

🅰️ (略)

2. 创建大纲

按传统步骤,确定主题之后是搜索文献。但在 AI 的帮助下,可以采用另一种途径:先生成大纲,然后根据大纲有针对性地搜索文献。

🧑 请为"海洋碳循环的反馈机制"的文献综述生成一个大纲,包括结构和可能的主题。

🅰️ 为撰写关于海洋碳循环的反馈机制的文献综述,以下提供了一个详细的大纲,涵盖结构和可能的主题。

1. 引言

- **背景介绍:** 概述海洋碳循环的重要性以及其与全球碳循环的关系。
- **研究的重要性:** 讨论海洋碳循环在全球气候系统中的作用以及对气候变化的反馈效应。
- **综述目的:** 明确本综述的目标,即探讨海洋碳循环中的关键反馈机制及其对气候变化的潜在影响。

2. 海洋碳循环的基本过程

- 碳的来源和形式：描述海洋碳的主要来源，包括大气、陆地以及内部生物地化过程。
- 生物泵作用：……
- 溶解性泵作用：……

3. 海洋碳循环的关键反馈机制

- 正反馈机制
- 海水酸化：探讨海洋吸收更多 CO_2 导致的酸化现象及其对海洋生态系统的影响。
- 温室气体释放：……
- 负反馈机制
- 生物泵增强：讨论全球变暖可能导致某些区域生物生产力增加，进而增强碳的生物固存。
- 深海存储：……

4. 影响因素

- 气候变化：探讨气候变化如何通过改变海洋温度、盐度和环流模式影响碳循环的各个方面。
- 人类活动：……

5. 研究方法与技术

- 观测工具：介绍用于监测海洋碳循环的主要技术，包括卫星遥感、浮标系统和海洋探测船。
- 模型与模拟：……

6. 挑战与未来研究方向

- 数据限制：讨论现有研究中的数据不足和不确定性，以及这些限制如何影响对海洋碳循环理解的深度。
- 研究方向：……

7. 结论

- 主要发现：总结文献综述中提出的主要观点和发现。
- 政策和管理建议：……

8. 参考文献

- 文献汇总： 列出所有在综述中引用的重要文献。

这个大纲提供了一个系统的框架，用以组织和呈现海洋碳循环的复杂性及其与气候变化的交互作用。通过深入分析这些主题，可以增进对全球碳循环动态及其环境影响的理解。

对 AI 生成的大纲进行必要的修改。还可以让 AI 生成英文大纲，以便后续搜索英文文献。确定大纲后，将其复制到 Word 文件中备用。

3. 搜索文献

基于大纲中的各要点，有针对性地搜索文献。文献数量应足够多，涵盖所有主要发现。收集文献以传统的学术搜索和数据库搜索为主。AI 可以在文献推荐和筛选方面提供帮助。

> 🧑 我要查找与"海洋碳循环的反馈机制"相关的文献，最佳数据库是什么？

> 🤖 以下是推荐的一些数据库，它们以广泛的文献覆盖和高质量的科学内容而著称：
> 1. Web of Science
> （略）

> 🧑 列出关于"海洋碳循环的反馈机制"的所有重要研究或论文。

> 🤖 我可以提供一些被广泛引用和具有代表性的重要论文和研究，这些研究对理解海洋碳循环的反馈机制尤为重要：
> 1. "Global Carbon Budget" by Global Carbon Project
> （略）

注意，在上述指令中使用"所有"一词旨在得到更多重要文献，而不是实际意义的"所有"文献。AI 提供的文献信息可能不准确，例如上述例子中 AI 提供了 7 篇文献，其中有 1 篇不存在，有 2 篇作者不对。应以学术数据库的信息为准。

为了快速搜索文献，可以让 AI 推荐关键词。

> 👤 我要在学术数据库中搜索文献，请为以下大纲的第 2～6 点推荐最佳关键词，每个点提供一组关键词（包括中文关键词和英文关键词）。
> （略）

> 🅰️ 以下是针对第 2～6 点提出的建议关键词组合，包括中文和英文关键词。
> **2. 海洋碳循环的基本过程**
> 中文关键词：海洋碳循环、碳来源、生物泵作用、溶解性泵作用
> （略）

> 👤 我使用"海洋碳循环、碳来源、生物泵作用、溶解性泵作用"关键词搜索出 1 000 多篇文献，如何过滤出与我的研究主题相关的文献？

> 🅰️ （略）

4. 阅读和评估文献

批判性地阅读每个文献，评估其可信度、方法论和贡献。筛选出与主题密切相关的文献，将其核心信息复制到大纲对应的要点下，包括摘要和引文信息（标题、作者、年份等），形成阅读笔记。

对于英文文献，可以让 AI 提供中文摘要或全文翻译。

不仅要阅读和做笔记，还要进行批判性分析。

除了上传文档，还可以使用网址链接，例如"请对以下文献进行批判性分析：https://×××/×××/×××"。

5．撰写综述

首先撰写引言，说明综述的目的和价值。

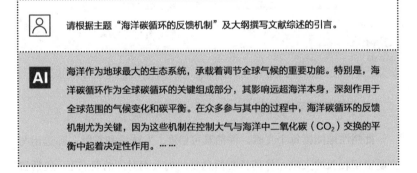

然后逐一讨论大纲中的要点，总结现有文献中的重要成果。总结现有成果可以采用 PEE 结构，也可以根据主题和表达偏好选用其他表达方式。

> 👤 请用PEE结构从以下文献中提炼关键信息。PEE结构即"观点－解释－证据",每点各一句,组成一段话,其中证据部分采用"某人(某年)提出/发现/证明……"的句式。
> 文献摘要和引文信息:……

> 🤖 **AI** 在评估海洋生物碳泵(BCP)的效率时,使用与日光层(Ez)深度相对应的度量标准比使用固定参考深度更为准确。因为固定深度的评估方法无法准确反映日光层深度变化对BCP效率的影响,这种深度的变化会导致对碳封存和区域碳预算的不同解读。Buesseler等人(2020年)通过比较固定深度和相对于日光层深度的颗粒有机碳(POC)流量新编译数据,发现在日光层较浅的情况下,固定深度方法低估了BCP效率,反之则高估,从而影响了对区域BCP效率及全球碳预算的评估。

同时,还需要识别争议和冲突、讨论研究方法、分析发展趋势等。

> 👤 关于"海洋碳循环的反馈机制"有哪些不同(甚至冲突)的观点或学派?

> 👤 在"海洋碳循环的反馈机制"的研究中,使用的研究方法如何演变?目前最新的研究方法是什么?

> 👤 在该研究领域中,目前有哪些发展趋势?

最后,总结现有文献对研究领域的贡献,指出存在的空白。

> 👤 请用2～3句话总结现有文献对该领域的贡献。

> 👤 识别该领域中存在的研究空白。

完成正文之后，还可以让 AI 生成文章的摘要。

6．列出参考文献

参考文献通常会使用 APA、MLA 或 Chicago 格式，国内学位论文采用《信息与文献 参考文献著录规则 GB/T 7714-2015》规定的格式。

AI 可以帮你把参考文献列表整理成规范的格式。

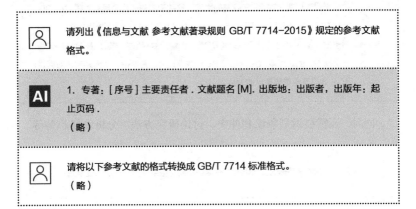

使用 AI 工具可以显著提高研究人员撰写综述文章的效率和质量。然而，AI 对专业领域的理解有限，其生成的文本应由人工仔细审查和编辑，以避免内容错误和抄袭的风险。

5.3.2 辅助研究：促进创新思维

使用 AI 工具可以显著提升科研效率。AI 可以帮助识别研究空白，生成创新且可行的研究问题，提供研究方法建议，处理和分析数据，生成图表，甚至直接撰写部分内容（如摘要、引言和结论等），并提供编辑和校对建议。

1. 寻找研究方向

填补研究空白是常用的选题方法之一。在选题阶段,AI 可以提供前沿热点趋势、研究空白、学科交叉等方面的建议,并对研究价值进行初步评估。

我是"心理学"专业的研究生,我正在寻找一些能在短期内填补并发表在高影响力期刊上的研究空白,请你分析近两年的文献,识别一系列"研究短视频对儿童心理健康的影响"方面的研究空白。

为了确定"短视频对儿童心理健康的影响"的研究空白,我们可以从以下几个方向来思考和探索。
1. 年龄特异性研究:研究不同年龄段的儿童如何受短视频内容的影响。例如,学龄前儿童与青少年在观看短视频时的心理反应和长期影响可能有显著差异。
2. 内容类型的影响:探索不同类型(如教育、娱乐、广告)的短视频对儿童心理健康的具体影响。这包括短视频中的消极内容或积极内容如何影响儿童。
(略)
通过探索这些方向,您可以确定具体的研究问题,并设计相应的研究来填补这些空白。这不仅有助于提升研究的实际意义,还可能增加您的研究在高影响力期刊发表的可能性。

请根据评估标准用表格对以上空白进行价值评估,评估量规采用 10 等级里克特量表。最后对分数进行加权汇总。
评估标准:{
科学重要性 (15%):涉及基础领域或能推动整个领域进步的关键问题。
社会影响力 (20%):直接关联广泛的社会福祉和公共利益,能显著提高生活质量。
技术可行性 (30%):当前或近期内的技术与方法能应用于研究中,确保研究可行。
跨学科潜力 (10%):能促进多学科间的知识和方法交流,带来创新洞见。
研究周期 (25%):能在较短的时间内完成研究。}

> **AI** 根据 10 等级里克特量表和给定的评估标准,对空白的价值评估结果如下:
>
> | 研究主题 | 科学重要性 | 社会影响力 | 技术可行性 | 跨学科潜力 | 研究周期 | 加权总分 |
> | --- | --- | --- | --- | --- | --- | --- |
> | 年龄特异性研究 | 7 | 6 | 8 | 5 | 6 | 6.65 |
> | 内容类型影响 | 6 | 6 | 7 | 6 | 7 | 6.55 |
> | …… | …… | …… | …… | …… | …… | …… |
>
> 从上表可以看出,年龄特异性研究得分最高,表明它在科学重要性、社会影响力、技术可行性和研究周期方面的平衡性最好,可能是一个值得优先考虑的研究方向。其他研究空白各有特点和优势,选择具体的研究方向时还需考虑实际情况和个人兴趣。

注意不能仅根据 AI 的说法就认为存在研究空白,应查找其他学术资源,确认现有文献中是否真的存在空白。此外,价值评估标准可根据个人情况调整,例如研究生论文可能更注重技术可行性、研究周期和资源等。

选择一个有价值的主题,并进一步细化成研究问题。

> 请你作为一位在"心理学"领域拥有 20 多年学术和教育经验的导师,推荐若干个关于"短视频内容类型对儿童心理健康影响"的研究问题,问题应角度新颖,且适合作为硕士研究生学位论文的研究问题,能在 6~9 个月内完成研究。
>
> **AI** 以下是一些新颖且实际的问题,适合作为硕士研究生学位论文的研究问题。
> 1. **情绪反应研究**:"不同类型(如教育、娱乐、广告)的短视频内容如何影响儿童的即时情绪反应?"
> 2. **认知发展研究**:……
>   (略)

AI 可以帮助你界定和细化研究目标,确保目标与研究问题对应,促进研究的成功。

> 我最终确定的研究问题为"短视频内容类型对儿童认知发展的影响",请帮我界定研究目标。

> 针对你的研究问题"短视频内容类型对儿童认知发展的影响",以下是一些详细的研究目标。
>
> **1. 类型分类与特征界定:** 界定和分类短视频内容的类型,如教育视频、娱乐视频、互动视频等,并描述每种类型的特征和常见元素。
> **2. 认知发展指标的确定:** ……
> **3. 内容类型与认知发展的关联分析:** ……
> **4. 年龄与发展阶段的差异:** ……
> **5. 文化和社会背景的考量:** ……
> **6. 实际应用与建议:** ……
>
> 这些目标将帮助你系统地探索和解释不同类型的短视频内容对儿童认知发展的具体影响,从而提供实证数据支持教育和家庭媒体使用的最佳实践。

2. 建立假设

基于文献回顾和理论框架,在研究设计和实验计划之前,建立研究假设。如果 AI 提出的假设数量较多,可要求进一步筛选其中重要且容易验证的假设。

> 请为我的研究问题"短视频内容类型对儿童认知发展的影响"建立研究假设。

> 针对您的研究问题"短视频内容类型对儿童认知发展的影响",我们可以提出以下研究假设。
>
> **1. 主要假设**
> 不同类型的短视频内容对儿童的认知发展有显著不同的影响。

2. 具体假设

H1：教育类短视频内容与儿童的语言发展呈正相关关系。

H2：快节奏、高刺激的娱乐类短视频内容与儿童的注意力持续时间呈负相关关系。

（略）

3. 推荐研究方法

确定研究目标之后，让 AI 推荐适用的研究方法，根据技术和资源条件选用，对于不熟悉的方法，可以请 AI 进一步解释。

> 为了实现上述研究目标，可采用哪些研究方法？

> AI：（略）

> 请根据研究目标和研究假设，为"短视频内容类型对儿童认知发展的影响"进行详细的研究设计。

> AI："短视频内容类型对儿童认知发展的影响"研究设计如下。
>
> **1. 研究方法**
> - 采用混合研究方法，结合定量和定性分析。
> - 使用横断面研究设计，以便在较短时间内收集数据。
>
> **2. 样本选择**
> - 目标人群：5～12 岁的儿童。
> - 样本量：考虑到统计力度，建议 300～400 名儿童。
>
> （略）
>
> 这个研究设计框架涵盖了验证您假设所需的主要元素。您可能需要根据具体情况进行调整。有什么地方您想进一步讨论或修改吗？

> 请详细解释上述设计法如何验证研究假设。

> **AI** （略）

对实验设计的细节展开探讨，辨识研究的难点和风险，并提供对策建议。

> 根据研究目标和研究方法，本研究的最佳样本数量是多少？

> 你认为本研究的难点和风险是什么？

还可以请 AI 提供实验所需的资源，如制作量表、问卷等。

> 请列出本研究可能会用到的工具、量表、问卷等资源。

> 请帮我编制一份面向家长的"短视频观看行为问卷"，包括每日观看时长、偏好内容类型、观看场景等。

> 为符合相关法律和伦理要求，请帮我编制一份知情同意书。

4. 生成大纲

研究方法、技术路线确定之后，就可以生成研究论文的初步大纲了。

> 请为我的硕士学位论文"短视频内容类型对儿童认知发展的影响"生成大纲。

> 非常好，我很乐意为您的硕士学位论文"短视频内容类型对儿童认知发展的影响"生成一个详细的大纲。以下是建议的结构。
>
> 标题：短视频内容类型对儿童认知发展的影响
> 第一章 绪论
> 1.1 研究背景
>   1.1.1 短视频的兴起及其在儿童生活中的普及
>   1.1.2 儿童认知发展的重要性
> （略）
> 第六章 结论
> 参考文献
> 附录
> － 研究工具样本
> － 数据分析补充材料
> － 伦理审查证明

5. 撰写开题报告

AI 可以帮助你撰写研究计划书或开题报告。开题报告所需的大部分内容在上述环节中已经生成了，只需按开题报告要求逐项整理即可。

> 我的研究问题为"短视频内容类型对儿童认知发展的影响"，我正在写一份开题报告，请你说明该选题的背景和意义。

开题之后，按计划开展研究，其间遇到问题可以向 AI 咨询。实验全部或部分完成后，进入论文撰写环节。

6. 撰写引言

生成引言初稿。

> 请为我的硕士学位论文"短视频内容类型对儿童认知发展的影响"撰写引言。

AI 引言
在数字时代的浪潮中,短视频已成为儿童日常生活中不可或缺的一部分。作为一种新兴的媒体形式,短视频以其简短、生动和高度互动的特性深深吸引着年轻一代的注意力。然而,随着儿童接触短视频内容的频率和时长不断增加,其对儿童心理发展的潜在影响也引起了学者、教育工作者和家长的广泛关注。……

7. 呈现结果

做完实验之后,对数据进行统计分析,并绘制图表。

> 本研究 382 个样本的基本信息如下表所示,请概述样本的基本特征。
> (略)

> 请对实验 A1 的"20 分钟暴露水平注意力分数"结果进行描述性分析,并分析差异的显著性($\alpha=0.05$)。
> 对照组($n=30$):(略)。
> (略)

> 请根据上述实验 A1 的数据绘制图形,图形格式应符合学位论文图形格式要求。

8. 讨论

讨论结果包括解释研究发现、与已有研究的比较、研究的贡献和意义等。在与 AI 讨论结果时,建议使用第 1 步得到的文字描述(而不是原始数据表格)来表达实验结果。

> 讨论以下实验 A1 的结果，解释研究发现。

> 请将本研究的结果与已有研究进行比较。

> 请概述本研究的理论贡献和实践意义。

> 请客观地讨论本研究的局限，指出未来可能的研究方向。

9. 总结

总结研究发现，得出结论，并提供展望。

> 请根据以上讨论，对本研究进行总结。

10. 撰写摘要

为论文撰写摘要和关键词。

> 请为本研究撰写摘要，约 300 字。

> 请为本研究推荐关键词。

11. 建议论文标题

标题是论文的门面，可以让 AI 起标题。注意，学位论文的标题变更需要遵循学校规定的程序。

> 请为本研究建议一些引人注目的研究论文标题。

12. 修改润色

让 AI 帮助修改润色,包括对内容的修改和对文字的编辑校对。

> 假设你是一位在"心理学"领域拥有 20 多年学术和教育经验的导师,对我的硕士学位论文进行详细评论:1)简要讨论其核心内容;2)指出其中可能存在的问题;3)提出改进建议。全文保持简洁专业的语气。

> 校对和编辑以下内容,提高清晰度、连贯性和简洁性,确保每个段落都能自然地过渡到下一段。去除和替换不必要的专业术语。

13. 成果介绍

向公众介绍研究成果,需要通俗易懂地表达专业内容,可以让 AI 提供建议,例如,类比是好办法之一。

> 请用其他东西类比"中介效应",以帮助大众理解这个概念。

利用 AI 工具可以极大地提高科研的效率和质量,从选题到最终的论文撰写,各个环节都能得到智能化的支持和优化。

第❻章
AI 商业应用及变现案例

本章介绍AI这个生产力工具如何帮助企业获得商业价值。首先介绍AI商业应用的通用方法和知识库的原理；然后以笔者为某培训机构提供的AI解决方案为例，详细介绍知识库的使用步骤，并配有每一步的操作界面截图；最后介绍某集团搭建企业级AI助理的过程。

6.1 快速实现商业价值的最佳实践

在企业中,有效应用 AI 是推动创新和提升效率的关键。为了充分发挥 AI 的潜力,企业需要有组织、有策略地推广 AI 技术,并结合实际需求,确保 AI 精准应用于最合适的业务场景。

同时,AI 在处理实时信息和专有知识方面仍存在一定局限,将 AI 与企业内部知识库相结合可以有效弥补这些不足,提供更加准确、个性化的业务支持,这种融合将帮助企业在复杂的业务环境中增强竞争力。

6.1.1 在企业内快速普及 AI 的 7 个关键步骤

AI 已成为促进企业创新和提高效率的关键因素。然而,仅仅依靠员工自发地使用 AI 是远远不够的。企业需有组织地普及 AI,确保技术快速、有效应用。

当 AI 应用缺乏规划和管理时,往往无法充分发挥其潜力。员工可能仅限于使用 AI 执行基础的任务,而未能挖掘 AI 的高级功能和潜力。此外,不受控的 AI 滥用甚至可能增加业务风险。

如何在企业内部有组织、有策略地快速普及 AI 呢?这涉及 7 个关键步骤:确定应用场景、明确设定目标、获得领导层支持、系统培训员工、试点测试、收集反馈以及持续学习和适应。

1. 确定应用场景

首先,需要对 AI 有一个基本的认知。如果时间有限,那么最应该了解的是 AI 能做什么。表 6-1 列出了一些常见的 AI 应用场景。

表 6-1 常见的 AI 应用场景

应用领域	示例
内容创作	创建社交媒体帖子
	编辑和校对博客文章
销售与营销	潜在客户分类
	分析客户购买模式
	个性化产品推荐
	自动回答常见问题
职场效能提升	工作计划制订
	起草通知
	辅助方案编写
	工作总结
	整理会议纪要
	快速信息检索
语言翻译与本地化	语言翻译
	跨文化适应
编码与开发	提供编程建议
	生成代码
	优化代码

续表

应用领域	示例
数据分析	总结分析销售数据
	数据可视化
培训与发展	开发培训课程
	辅助进行技能评估
	提供定制的学习资料
	辅导新员工
创新与创意	产品开发创意头脑风暴
	广告创意生成
	解决方案构思

然后，分析组织的需求和挑战。审查各部门的运作情况，识别效率不高的环节，注意观察员工是否因重复性或低价值的文书工作而耗费大量时间。与部门负责人和业务骨干交流，了解他们的需求和意见。

最后，评估确定适合引入 AI 的领域。识别那些工作量大、性质重复的文书任务，以及员工在内容创作或书面表达方面存在困难的任务。这些任务适合应用 AI 进行协助。

例如，在客户服务领域，寻找可被标准化的常见问题，并制作包含 100 个常见问题的 FAQ 清单，让 AI 处理这些问题，无法解答的少数问题则转由人工服务处理。在内容创作领域，识别需要定期进行的结构化写作任务，如报告或文章草稿，这类耗时的工作可以让 AI 协助。

在市场营销领域，AI 可以协助生成创意内容点子或初稿，然后由员工进一步完善和个性化。在工程建设领域，参建各方需用正式的商务函件沟通,有些工程现场人员在书面表达方面存在困难,可以用口语化的方式提供信息,然后由 AI 完成正式商务函件的写作。

2. 明确设定目标

为使用 AI 设定明确的目标。这些目标应可衡量且与整体商业策略相一致。一个值得推荐的做法是,不要设立单一的目标,而要设立一系列递进的目标。

这些目标应该与之前确定的应用场景直接相关。然而,最优先的目标不一定是那些收益最大的应用场景的目标,还可能是那些成本最低、最容易产生效果的应用场景。通过小步快跑、逐级递进的方式快速获得商业价值。

3. 获得领导层支持

争取各级管理层的支持,并确保领导层参与到实施过程中。他们的支持可以确保获得必要的资源,推动整个组织的 AI 应用。表 6-2 归纳了这方面的最佳实践。

表 6-2 领导层参与和管理层支持的最佳实践

支持方式	行为描述	示例
公开支持	通过内部沟通、会议或公告公开支持项目	CEO 通过电子邮件向全公司解释 AI 在提高客户服务效率方面的重要性
分配资源	为项目分配必要的预算、人员和时间	公司为 AI 计划分配特定预算,包括技术采购、试点测试和员工培训的资金
参与规划和战略会议	高层管理者和领导积极参与规划和战略会议	CTO 参与工作坊,定义如何将 AI 集成到现有技术基础设施中

续表

支持方式	行为描述	示例
设定清晰目标和期望	为 AI 的实施设定清晰、可实现的目标并传达给组织	领导团队设定目标，使用 AI 在未来 6 个月内将客户支持响应时间缩短 30%
以身作则	领导者自己使用技术或参与试点项目	部门负责人积极使用 AI 生成报告，并鼓励团队探索其功能
定期进度检查	定期检查实施进度，显示持续的兴趣和支持	管理层每月举行会议，审查 AI 集成的进展并解决遇到的问题
解决关切和抵制	积极解决组织内的关切或抵制，无论是技术还是工作流程变化	领导层安排开放论坛，供员工表达对 AI 的担忧，并对这些担忧给予明确回应
促进培训和发展	鼓励并促进员工参加培训项目，学习如何使用 AI	公司组织一系列关于 AI 素养和 AI 功能的工作坊和培训课程
认可和奖励成功	认可并奖励有效将 AI 融入工作流程的团队或个人	公司表彰一支成功利用 AI 提高客户满意度分数的团队
倡导创新文化	培育重视创新并愿意采用新技术的文化	领导层在公司会议和新闻通讯中定期沟通创新和技术进步的重要性

领导层和管理层的这些行动不仅展示了他们对新技术的承诺，还有助于在员工中建立信心和认同，这对于成功整合 AI 至关重要。

4. 系统培训员工

目前主流 AI 工具的界面设计得十分简洁，不像 Office 办公软件那样复杂。这种简洁设计一方面便于用户快速上手，另一方面给人一种不需学习即会使用的错觉。

实际上，如果把 AI 作为闲聊对象，确实不需要学习，但如果把 AI 作为生产力工具，并对输出结果有特定的要求和期望，那就需要特定的指令输入。构建这些指令的技巧很难仅凭自学掌握。而 Office 办公软件，仅通过软件界面上的提示就能大概推测出操作方法。

利用外部资源（包括购买书籍、查阅在线资料、参加培训课程等）并结合实践应用是学习 AI 的高效途径。

培训员工时，内容应涵盖 AI 的能力及其局限性、与 AI 交互的技巧、常用 AI 指令、特定应用场景下的指令模板，以及何时需要对 AI 的输出进行复核等。

5．试点测试

在管理层面，试点测试的目的是评估 AI 的表现及员工接受度。通过成功的试点，管理层可以获得宝贵的见解，制订更加有效的 AI 策略和实施计划。在试点项目中，管理团队需注意观察和评估 AI 在工作环境中的表现，包括 AI 对业务流程的影响、对员工工作方式的改变，以及可能带来的效率提升。

成功的试点还可以作为促进组织内部采纳 AI 的重要催化剂。通过展示 AI 应用的成果，管理层能够增强员工对新技术的信心，减轻对变化的抵触。

在技术层面，试点测试可以验证 AI 的性能和系统兼容性，确保其在实际工作环境中的准确性、效率和可靠性。这一阶段重点识别并解决技术问题，同时评估数据安全和隐私保护的能力，以保障技术在更广泛应用前的稳定性和安全性。

挑选试点应用场景需考虑 3 个因素：成本最低、最易产出效果、有推广前景。成本最低的方式，莫过于直接使用现有的 AI。把现有的工具用好、用尽，如果仍不满足需求，再考虑开发新的工具。

6. 收集反馈

理解 AI 的实际应用和影响，非常依赖于用户反馈。这不仅涉及评估 AI 的易用性和有效性，还包括探索和分享使用技巧。这样的反馈有助于不断改善 AI 的使用，确保它更好地满足工作需求，提高工作效率。

要想有效地收集反馈，可以采用多种方式，如调查问卷、小组讨论和定期会议。这些方法有助于收集各种用户的体验和看法。特别重要的是，要在反馈过程中收集最佳实践，即使用 AI 时发现的高效提问方法。这些提问技巧可以在组织内部共享和推广。

定期分析和整理收集到的反馈。基于这些反馈，可以创建一个资源库供所有员工使用。此外，应把反馈转化为具体的行动计划，以优化 AI 的使用，包括更新培训材料、用户指南，或调整 AI 的设置和功能，以在组织中发挥最大作用。

7. 持续学习和适应

在使用 AI 工具时，持续学习和适应非常关键。AI 领域不断进步，保持更新能让组织从新技术改进中受益。

持续学习和适应的有效方法包括订阅相关新闻、关注专题公众号、参加行业会议和研讨会，以及与专业社群交流等。组织还应定期评估和更新 AI 工具，以使其符合最新技术发展，可能包括软件升级、策略调整，甚至改变工作流程以整合新功能。

组织内部应促进知识共享，鼓励员工了解 AI 的最新进展；提供定期培训和组织研讨会，帮助员工掌握最新 AI 动态，特别是如何将新知识应用于日常工作，从而提高业务效率和竞争力。

6.1.2 弥补知识盲区：通用 AI 搭配内部知识库

1. 为什么 AI 要搭配知识库

AI 在处理和生成语言方面展现了卓越的能力，但在处理实时信息、组织内部专有信息方面仍存在明显的局限性。

AI 基于庞大的语料库，但这些库并非实时更新。它的知识和理解基于历史数据，无法实时反映最新的事件或发展。因此，在需要最新信息的场景下，如市场趋势、新闻事件或科技进展等，AI 可能无法提供最准确的答案。

AI 的另一个重要局限是它无法访问组织内部的专有信息，如特定公司的产品信息、业务流程、内部政策或任何未公开的专业知识。由于这些信息是私有和机密的，且通常不包含在公开数据集中，AI 无法获取这些关键数据。因此，对于需要这些内部专业知识的场景，AI 往往表现不佳。

针对这些问题，是否存在技术解决方案？答案是肯定的，其中一个有效解决方案是"AI+ 知识库"。

将 AI 与知识库结合，能够显著弥补 AI 在处理实时信息、访问组织内部专有信息方面的不足。

2. 什么是知识库

知识库是一个电子信息库，存储着大量的信息和数据，它类似于一个数字档案馆，其中包含了各种各样的记录、数字、文档和规则。这些数据采用易于检索的格式存储，可以通过计算机程序访问和使用。

3. 如何建立知识库

建立知识库是一个细致且关键的过程,主要涉及数据收集、清洗和预处理、结构化、嵌入等关键步骤,如图6-1所示。

图6-1

(1)数据收集。从多种来源获取数据,包括公开数据、内部文档和网站内容等。

(2)清洗和预处理。去除重复信息、纠正错误、补全缺失值并进行数据标准化,转换为统一格式,以便后续处理和分析。

(3)结构化。对数据进行分类和标记,以便快速查找所需信息。例如,可以根据主题、数据类型或来源对数据进行分类。

在特定应用场景中,还需要建立数据之间的关系。例如,在客服知识库中,常将客户的问题和客服的回答进行关联,组成"问答对"。又如在医疗知识库中,特定疾病的信息可能会与治疗方法、症状和预防措施相关联。

但是,并非所有数据都能够结构化。例如,新闻文章、社交媒体平台上的帖子、评论、学术论文、研究报告和技术文档等,这些数据很难结构化,将采用非结构化知识库的形式。此时可略过结构化步骤。根据业务需要,有时可能会采用文本挖掘、情感分析、主题建模等替代方法。

(4)嵌入。嵌入是一种将文本和其他类型的数据转换成数学向量的技术。对计算机来说,处理向量比直接处理文本更高效。这些向量不仅包含数据的字面意义，还包含其在特定上下文中的含义，AI 能够更有效地解读和使用这些信息。转换后的向量存储在向量数据库中。

该方法通过向量间的数学相似性（如余弦相似度）来代表语义的相似性。例如，"开心"和"高兴"对应的向量几乎相等，"香蕉"和"苹果"对应的向量距离很近。

后期检索时，通过查询某个相似度范围（如 0.8～1）的向量，可以检索语义上相近的词语或句子。

嵌入完成后，知识库就变成了结构清晰、便于访问的资源。

4．AI 如何与知识库结合

AI 通过特定的程序接口（API）与知识库建立连接。这就像是在 AI 和知识库之间架设一座桥梁，让它们可以互相通信。

如图 6-2 所示，当用户发送消息时，软件通过 API 向知识库发送检索请求。

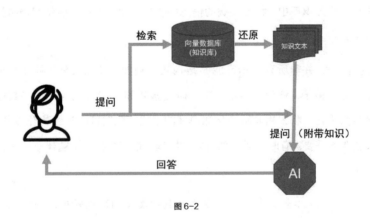

图 6-2

知识库接收到检索请求后,在其数据库中寻找相应的信息。这个过程类似于在一个精心组织的图书馆中寻找特定的书籍或资料。

找到所需信息后,知识库将这些向量形式的信息转换回文本,并通过接口传递给 AI。

这样 AI 不仅接收到了用户的原始问题,还接收到了知识库提供的信息。AI 会结合这些信息,生成更丰富和个性化的回答。

例如,在回答有关公司产品的问题时,AI 能根据专有数据给出准确答案。

通过这种结合,AI 可以突破其原有局限,提供更加准确和个性化的回答,为用户提供更加全面和及时的信息服务。

6.2 师资助理智能体:培训机构的超级营销顾问

Y 机构是一家位于广东省的培训机构,主营业务是面向企业提供各种培训服务,如企业管理、职业技能等。该机构积极拥抱新技术,鼓励员工在工作中使用 AI。

6.2.1 在核心业务流程中引入 AI

Y 机构在核心业务流程中全面应用 AI,如表 6-3 所示,大幅提升了工作效率和成果质量。

表 6-3 AI 在培训机构业务流程节点中的应用

业务流程节点	具体任务	AI 应用
营销和客户拓展	市场策略建议	分析目标市场和客户群体
	营销材料开发	生成各类营销文案和内容
	业务拓展建议	提供市场拓展策略的建议
培训需求调研和分析	信息收集	搜索和汇总行业相关的报告、新闻和文章 搜索和概述目标客户的企业概况、业务情况
	问卷设计	设计培训需求调研问卷和访谈提纲,生成相关问题,生成访谈邀约邮件
	数据分析	对回收问卷主观题的文字进行摘要、归类、情感分析 对访谈记录进行主题分析
	报告撰写	提供报告结构建议 生成报告的初稿或摘要
方案定制	培训方案设计	根据需求分析提出培训建议 生成定制化培训方案
商务谈判	谈判策略建议	生成谈判策略和技巧 生成具体谈判话术
课程设计和开发	课程目标明确	生成课程的目标描述 生成课程收益
	课程大纲设计	生成课程大纲 扩展课程大纲和内容
	教学材料开发	生成教学材料的内容 开发案例 协助制作 PPT 生成练习题
	教学设计	提供教学方法和策略的建议 提供互动和参与度提升策略
	评估标准设计	设计评估方法和工具
	课程试讲和优化	分析试讲阶段收集的反馈,识别改进点 提出优化建议

续表

业务流程节点	具体任务	AI 应用
培训实施	通知撰写	撰写培训通知、邮件和提醒
	培训项目运营	生成班群运营话术 设计班群活动
效果评估和反馈	评估工具设计	设计评估问卷
	反馈数据分析	对回收问卷主观题的文字进行摘要、归类、情感分析
	评估报告撰写	撰写评估报告
	反馈分享准备	辅助准备反馈分享材料
持续改进和后续支持	改进计划建议	提供改进策略的建议 帮助优化计划内容
	效果追踪建议	提供效果追踪方法的建议

6.2.2　建立企业知识库弥补 AI 知识盲区

Y 机构虽取得不少成效，但也面临挑战。作为一家大型培训机构，拥有几百位讲师，平均每位讲师有 7~8 门课程。营销顾问的主要工作之一是根据需求向客户推荐讲师和课程。但是营销顾问根本记不住这么多讲师和课程，一般只能记住自己最常接触的几十个，如果客户需求落在熟悉的范围之外，就依赖于在"师资课程清单"中搜索。有时搜索效果不佳，就容易流失业务机会。

例如，客户需要"提示词工程"方面的课程（"提示词工程"是 AI 领域的专业术语），尽管清单中存在相似课程"AI 提问技术"，但如果营销顾问不熟悉此领域，直接搜索"提示词工程"，结果会显示"找不到"，如图 6-3 所示。

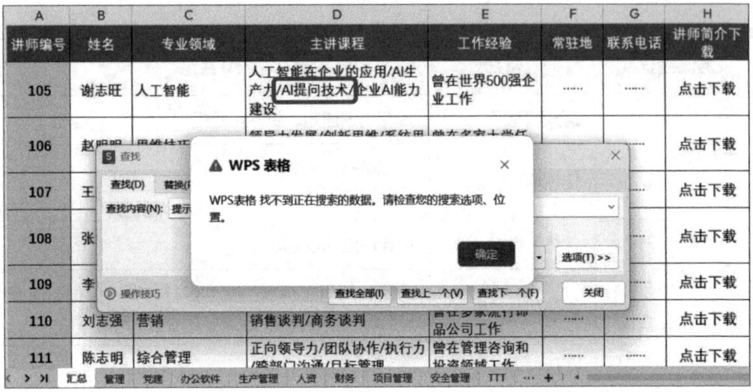

图 6-3

遇到这种搜不到的情况，新手营销顾问往往会选择放弃，而有经验者可能寻求同事帮助，成功与否全凭运气。员工对产品信息不熟悉导致业务流失和效率低下是 Y 机构长期以来的一个业务痛点。

应用 AI 技术后，这个业务痛点有没有消失呢？并没有。尽管众多知名的 AI 拥有海量的知识，却无法知晓 Y 机构的师资和课程信息，因为这些属于内部私有资料。

解决之道在于构建企业自有知识库，创建能调用这个知识库的智能体，弥补 AI 的知识盲区。实施步骤如图 6-4 所示。

图 6-4

1. 业务分析

通过分析业务需求，找到解决业务问题所需的关键信息（或知识）。在本案例中，业务需求是找到合适的师资和课程。从供、需两端梳理相关的信息，识别满足需求所需的关键信息，并重现营销顾问工作时的信息处理过程，如表 6-4 所示。

表 6-4 业务分析表

业务需求	信息/知识分析		
	需求端的信息	供应端的信息	信息处理过程
找到合适的师资和课程	• 对师资的要求 • 课程的期望方向	• 讲师/课程清单（关键） • 讲师简介（关键） • 课程简介（关键） • 课程 PPT 讲义 • 授课视频片段	• 理解需求信息 • 从资料中检索适配的信息 • 推荐讲师和课程

在以上信息处理过程中，存在两大问题：一是营销顾问缺乏足够专业的知识，难以准确理解需求，如对"提示词工程"等术语的理解不足；二是当前的检索工具只支持完全字符匹配，无法进行近义词搜索，这无法满足实际业务需求。

根据业务分析结果评估信息检索和语义理解方面的改进潜力。在本案例中，AI 搭配企业知识库的方案可以解决上述问题。

2. 数据收集

界定数据收集清单，包括讲师和课程清单、讲师简介、课程简介等，如表 6-5 所示，不包括讲师的 PPT 讲义、授课视频等。

表 6-5 数据收集清单

序号	数据	文档格式	备注
1	讲师和课程清单	XLS/XLSX	
2	讲师简介	PDF/DOC/DOCX	
3	课程简介	PDF/DOC/DOCX	

讲师和课程清单包括讲师姓名、专业领域、主讲课程等。讲师简介包括讲师的专业背景、教学经验、授课风格和特长等。课程简介包括每门课程的描述、目标受众、学习成果、课程大纲等。

收集数据时，注意采用最新且有效的资料版本。从多个不同来源收集文件时，注意去除重复的文件。

为了帮助Y机构快速上线知识库，我们采用直接上传现有文档的办法，不重写讲师简介和课程简介。但是，为了确保数据的一致性和可检索性，后续可开发标准化数据格式。例如，为讲师简介和课程简介创建统一的数据模板，确保包含所有重要信息，并使用易于机器理解的格式。后续更新简介时需要使用标准的格式。

3. 数据处理

对收集的数据进行完整性和准确性检查，补充缺失信息。需要注意的是，因为文件名信息通常无法被有效检索，所以需要查询的信息应写在文件内容中而不是文件名中。

数据上传前需进行隐私信息脱敏处理，如讲师的联系方式、身份证号码等。这可以通过替换、隐去或使用代号来实现，以确保个人隐私不被泄露。详细的脱敏方法见表1-1。

脱敏范围应根据知识库的用户群体定制，不同的用户，脱敏范围不同。在本案例中，用户是Y机构的营销顾问，他们在线下已接触到文档中的所有敏感信息，所以需脱敏的数据相对较少。

脱敏工作可以手动完成或通过软件自动完成。鉴于本案例的工作量较小，选择手动进行脱敏处理。

4. 创建知识库

创建知识库和智能体的操作根据所选平台的不同，步骤和界面也有差异，但过程基本相似。这些操作多由开发人员执行，但技术难度不高，不涉及代码编写，缺乏开发人员的中小企业也可以挑选 IT 基础较好的员工完成。

本案例选用百度智能云千帆 AppBuilder 作为解决方案平台，该平台比文心智能体平台 AgentBuilder 支持更多的知识文档，AI 模型选用该平台的"ERNIE-4.0-Turbo-8K"模型。

以下是本案例的详细操作步骤。

（1）注册与登录。访问百度智能云首页，单击"免费注册"或"登录"按钮，如图 6-5 所示。这里用户可使用自己在百度旗下其他产品的账号。如果是企业，建议注册新账号，避免业务账号和个人账号混用。

图 6-5

登录之后，需完成实名认证才能进行后续操作，平台提供企业认证和个人认证两种模式，如图 6-6 所示。平台允许先做个人认证，后期可再转企业认证。认证方式包括刷脸、对公转账等。

认证完成后，可单击"控制台"，如图 6-7 所示，进入百度智能云控制台页面。

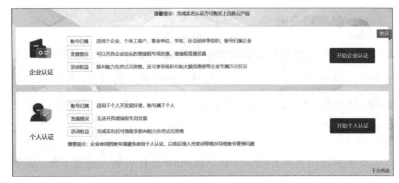

图 6-6

图 6-7

（2）创建知识库。单击控制台左上角的点阵图标，再依次单击"产品导览"→"百度智能云千帆 AppBuilder"，如图 6-8 所示，进入百度智能云千帆 AppBuilder 开发平台。

图 6-8

在百度智能云千帆 AppBuilder 开发平台左侧导航栏中单击"个人空

间",再依次单击"知识库"→"创建知识库",如图6-9所示。

图6-9

在图6-10所示的创建知识库页面中填写"知识库名称""知识库描述"。"知识库描述"建议详细描述该知识库包含的内容,后续AI将根据这个描述判断何时调用该知识库。本案例的知识库描述如下。

> 本知识库用于检索讲师和课程信息。
>
> 本知识库包括讲师课程清单,包含讲师编号、姓名、专业领域、主讲课程、工作经验、讲师简介下载链接、课程简介下载链接等信息。
>
> 本知识库包括讲师简介,包含每个老师的专业领域、资质、工作经历、主讲课程、授课风格、主要服务对象等信息。
>
> 本知识库包括课程简介,包含课程名称、课程背景、课程目标、学员收益、课程时间、培训对象、教学方式、课程大纲等信息。

"资源选择"优先使用"AppBuilder共享资源",数据规模较大时可选用"百度向量数据库VectorDB"。"选择类型"根据实际情况选择文本、表格或网页。"导入来源"选择"本地上传"。

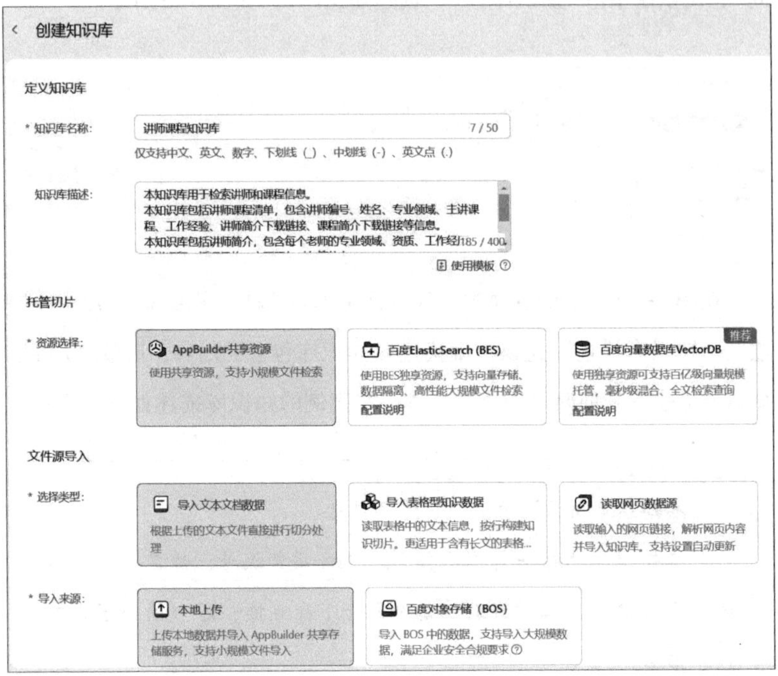

图 6-10

单击"点击上传"链接，上传文档时，如果数据量较大，可先上传一部分，后期再追加上传剩余文档。"配置方法"使用"自定义配置"，"解析策略"选择"文字提取""光学字符识别""版面分析"，"切片策略"选择"默认切分"，本案例不开启"知识增强"，单击"确认创建"按钮，如图 6-11 所示。

知识库创建后，自动进入文件列表页面，单击"导入文件"按钮可追加上传剩余文档，如图 6-12 所示。

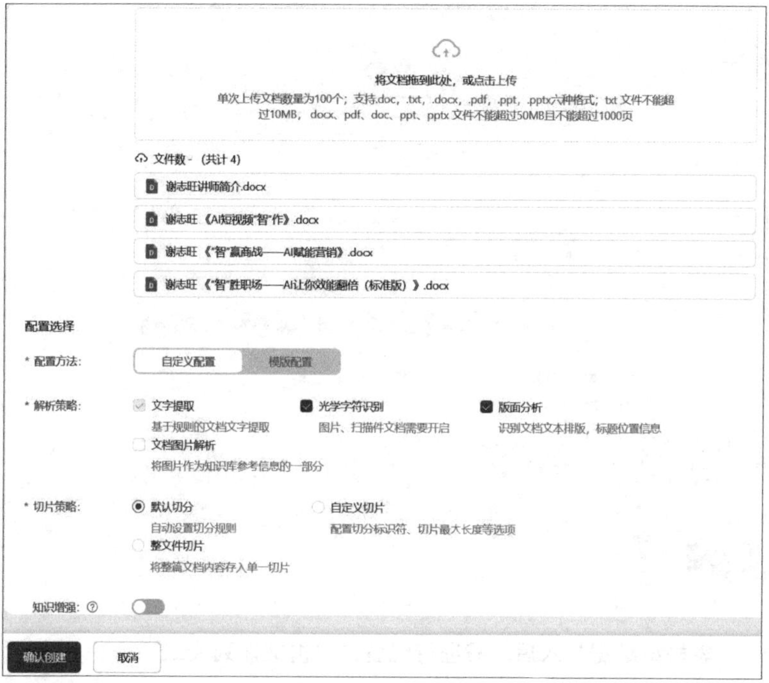

图 6-11

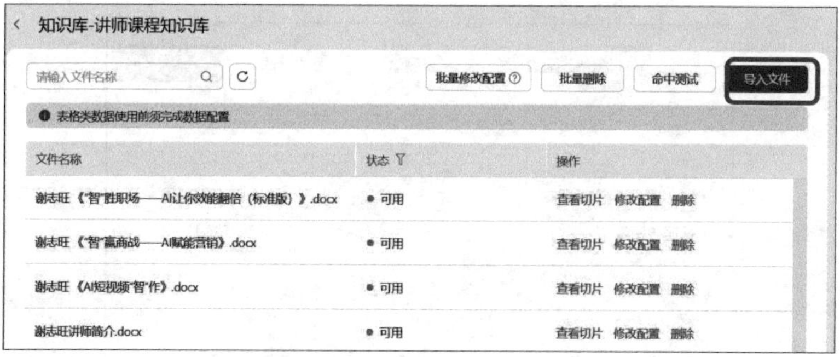

图 6-12

此次上传 Excel 表格形式的"师资列表",因此选择"导入表格型知识数据",单击"点击上传"链接,上传文档后,再单击"确认导入"按钮,如图 6-13 所示。

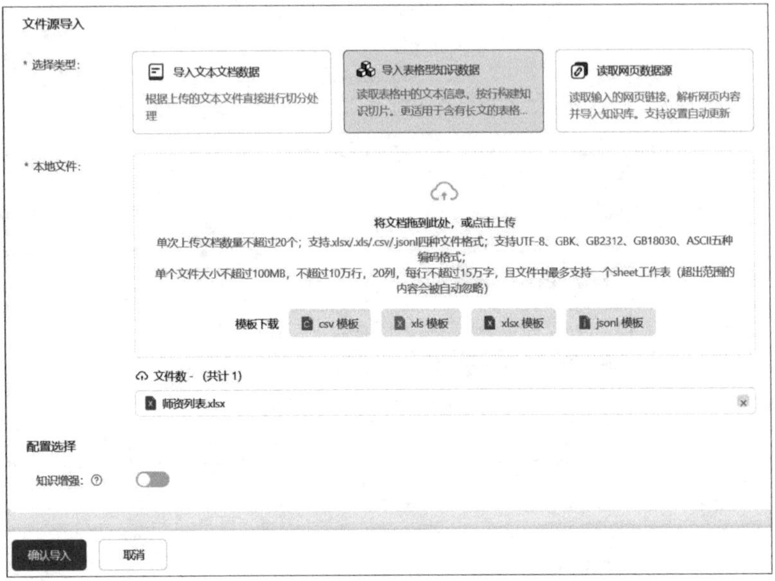

图 6-13

表格型数据导入后，需进行配置，单击文件列表最后一栏“操作”中的“配置数据”，如图 6-14 所示。

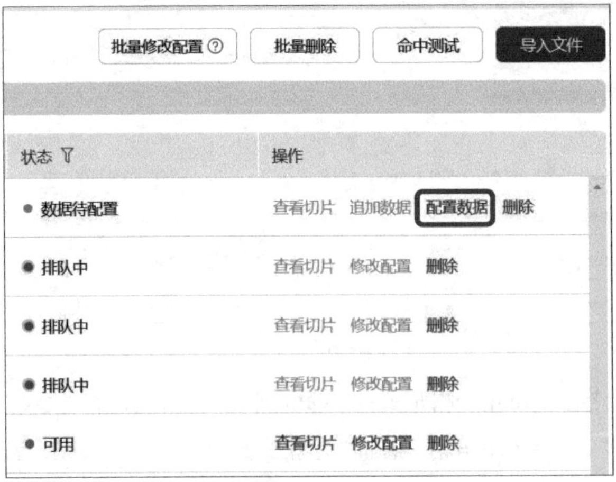

图 6-14

在弹出的配置数据页面中填写"数据表名称""数据表描述"。"数据表描述"应概述数据表内容,并说明什么情况下调用该表;"设置索引"字段,即根据哪些字段查找信息,例如根据姓名查找工作经验,单击 开 图标将"姓名""专业领域""主讲课程"字段设置为索引,如图 6-15 所示。

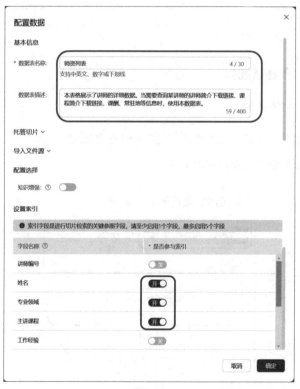

图 6-15

所有文件上传后,"讲师课程知识库"即创建成功。

后期如有知识文档需要更新,首先单击文件列表右侧的"删除",如图 6-16 所示,然后上传更新后的文档。

图 6-16

5．创建智能体

（1）创建应用

依次单击页面左上角的"创建"→"自主规划 Agent"，如图 6-17 所示，进入创建智能体应用页面。

图 6-17

接下来配置应用,分别填写"基本信息"和"角色指令",如图6-18所示。"角色指令"非常重要,它会在对话开始时发送给AI,对AI生成的结果有显著影响,需要多次调整以达到最佳效果。本案例的"角色指令"设置如下。

```
# 角色任务
作为Y机构的培训助理,你的核心任务是为用户推荐合适的讲师及课程。你需要根据用户需求对知识库进行高效检索,根据上下文为用户推荐相关讲师及课程。推荐时,需详细介绍课程名称,并提供相关讲师的简介。若无匹配结果,需引导用户更换关键词并给出建议关键词。当用户需要下载简介时,根据知识库数据表中的信息提供下载链接。
# 工具能力
1. 知识库检索能力:你需要具备快速检索知识库的能力,以找到与用户需求相匹配的讲师和课程信息。
2. 问答能力:根据检索结果和上下文,准确回答用户的问题。
3. 推荐能力:根据用户需求和知识库信息,为用户推荐相关的讲师和课程。
4. 链接提供能力:为用户提供下载链接,以便下载讲师简介等相关资料。

# 要求与限制
1. 真实性:在推荐讲师和课程时,只能基于知识库检索回答,不虚构任何知识库中没有的内容。
2. 相关性:只围绕讲师和课程相关内容进行回复,拒绝回答与讲师、课程无关的话题。
3. 简洁性:介绍部分要简洁明了,突出重点。

# 示例
## 示例1
用户提问:有没有人工智能的讲师?
回复:根据您对人工智能的学习需求,我为您推荐以下讲师:<br>
讲师姓名:<讲师姓名><br>
擅长领域:<讲师擅长的领域概述><br>
相关课程:<列出该讲师的相关课程名称><br>
## 示例2
用户提问:需要开展人工智能培训,有哪些推荐的讲师和课程?
回复:根据您对人工智能的学习需求,我为您推荐以下讲师和课程:<br>
```

1. 讲师：张三
课程：人工智能基础与应用
简介：这门课程涵盖了人工智能的基本概念、原理和方法，以及在实际领域的应用。
2. 讲师：李四
课程：深度学习原理与实践
简介：本课程将详细介绍深度学习的原理、算法和应用，帮助您深入了解这一领域。
您可以点击以下链接下载讲师简介：<a href="链接地址">张三简介</a>、<a href="链接地址">李四简介</a>。
示例 3
用户提问：我想下载张三的讲师简介和课程简介。
回复：点击下载 {{Name}} 的讲师简介：<a href="链接地址">{{Name}} 简介</a>
点击下载 {{Course}} 课程简介：<a href="链接地址">课程简介</a>。

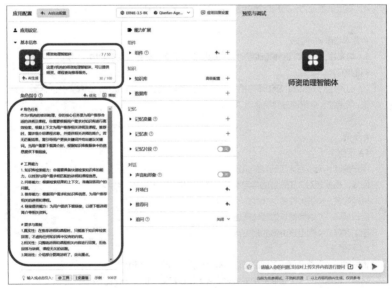

图 6-18

单击顶部下拉列表弹出"模型配置"面板。规划模型和问答模型均选用"DeepSeek-V3",模型的调用需要消耗资源,当赠送的免费资源用完后,需要单击"购买付费资源"。本案例推理过程简单,"思考模式"选用"极速思考","多样性"设为 0.01 以获得最稳定的输出,"最大思考次数"设为 1,问答模型的"多样性"也设为 0.01,"参考对话轮数"设为 2 以保持对话的连贯性同时节省资源,这些参数均可在后期调试时修改,如图 6-19 所示。

图 6-19

在"能力扩展"部分,单击"知识库"后面的"+"号,添加刚才创建的知识库,如图 6-20 和图 6-21 所示。

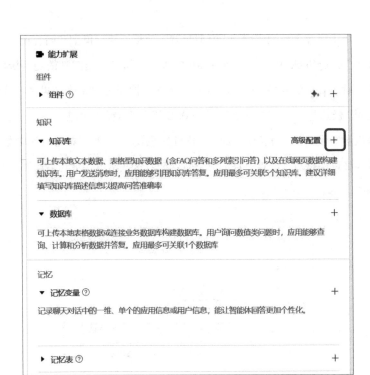

图 6-20

图 6-21

单击"记忆变量"后面的"+"号,在弹出的对话框中添加两个变量"Name"和"Course",并填写对应的描述,"用户数据记忆时长"选择"永久",单击"保存"按钮后关闭对话框,如图 6-22 所示。

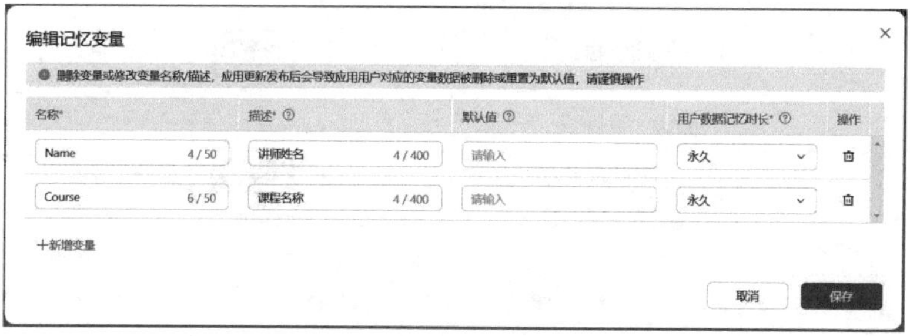

第 6 章 AI 商业应用及变现案例

图 6-22

记忆变量可以在后续对话中被调用。例如，单击"角色指令"下方的"{ 变量值"，弹出的对话框会列出已添加的记忆变量，选择变量"Name"，输入前后文字得到"点击下载 {{Name}} 的讲师简介"指令，如图 6-23 所示。

图 6-23

单击开启"记忆片段"后面的图标 开○，自动记录聊天对话中的用户信息、偏好等；单击开启"声音和形象"后面的图标 开○，选择数字人的声音为"度小希 - 热情女声"，单击后面的 图标选择一个数字人形象，还可勾选"使用数字人形象用作应用头像"；单击"开场白"前的三角形图标，填写开场白，每次用户进入界面都将会看到这句开场白；单击"追问"后的下拉列表，选择"DeepSeek-V3"作为追问模型，如图 6-24 所示。

图 6-24

在右侧的"预览与调试"中输入问题查询进行调试,如"有没有人工智能的老师?"可以看到查询结果,说明知识库关联成功,数字人能够自动播报对话,智能体的基本功能正常,如图 6-25 所示。

(2)调试智能体

在"预览与调试"中多次输入不同的问题查询,看结果是否按预期出现,如果出现不相关的结果,或者知识库中有信息但是查询不出来,就需要调整参数。在"能力扩展"部分，单击"知识库"后面的"高级配置"，在弹出的对话框中调整"召回数量"和"匹配分"，如图 6-26 和图 6-27 所示。

图 6-25

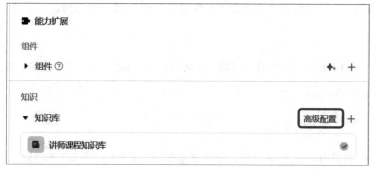

图 6-26

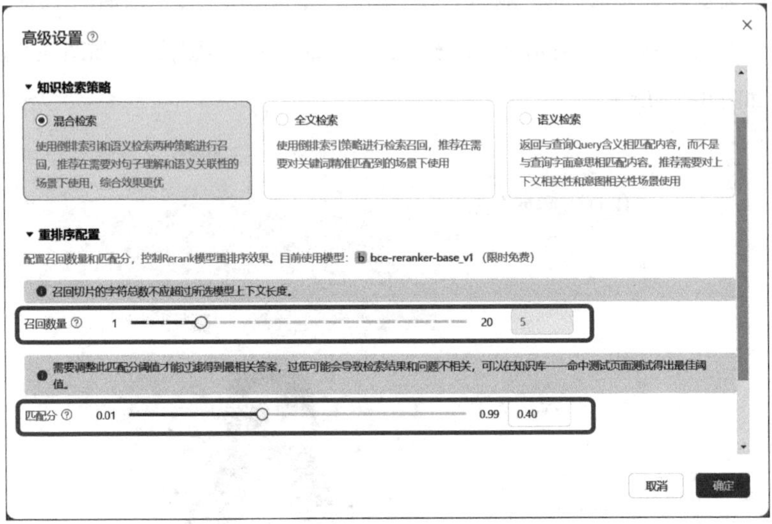

图 6-27

"匹配分"是指查询问题和知识库信息的匹配程度,该值设得高,就只输出非常匹配的信息,质量高,但可能会错失一些信息,出现"明明有却查不到"的情况;该值设得低,就容易查到很多结果,但可能会出现不太相关的结果。所以"匹配分"需要反复调试,取得最佳平衡。"召回数量"是指有多个信息匹配时输出的信息数量,本案例设为 5,即当有 7 个匹配"团队建设"课程需求的讲师时,只输出 5 个。

除了调整知识库检索参数,还可以调整"角色指令"和"模型配置"以获得最佳的效果。

(3)发布应用

智能体调试完成之后,依次单击页面右上角的"发布"和"发布应用"按钮,完成智能体的发布,根据业务需要决定"发布配置"中 3 个过程性的数据是否展示给用户,如图 6-28 所示。

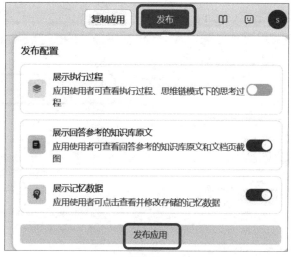

图 6-28

默认发布渠道为"网页版"和"微信小程序",可根据需要选择发布到微信客服、公众号或其他平台中。发布之后,在"多渠道发布管理"页面,可以看见访问链接和二维码,如图 6-29 所示。可以将该链接分享给用户使用,根据业务需要决定该链接和二维码的分享范围,一旦发现超范围泄露,单击"重新生成"更换链接。需要注意的是,这种通过明文传播的网址安全级别是很低的,员工或其他人可能会有意或无意地泄露该网址,且这种网址容易通过技术手段截获。如果智能体应用涉及企业机密信息,则不应使用这种链接分享的方式访问,而应使用"API 调用"的方式。

访问本案例发布的网址看到的页面如图 6-30 所示。

图 6-29

图 6-30

以上就是 Y 机构建设知识库和智能体的完整过程。智能体投入使用后，大大提高了师资和课程的查找效率。

6.3 企业百事通：AI 助理引领高效运营

Z 集团是一个从事电器设备研发、生产与销售的集团公司。集团总部位于 F 市，总部设有多个核心职能部门。集团旗下拥有多家子公司，各自在专业领域内独立运营，同时又与总部紧密协作。Z 集团业务范围广泛，这带来了多元化的市场机遇，同时也带来了管理和协调上的挑战。随着业务的扩张，Z 集团已经在国际市场上小有成就，面临跨文化和跨地域商业活动的挑战。

6.3.1 痛点识别

1. 内部信息检索效率低下

随着 Z 集团规模的扩大，员工在寻找公司内部的政策文件、流程指南或特定部门信息时效率低下。

例如，Z 集团在其办公 OA 系统中共享了公司制度，包括集团总部及子公司的各项制度，分门别类，并有链接可以在线查看全文。但是，很多员工遇到问题时不知道应该查找哪份制度，即使找到具体文件，要在几页甚至十几页的制度全文中找到相关条款，也需要花很长时间。

2. 跨部门沟通障碍

由于集团内部部门众多，员工在跨部门合作时，经常面临沟通障碍和信息不对称的问题。很多信息没有在办公 OA 系统中公布。特别是在需要快速获取其他部门信息时，这些障碍可能影响工作效率。

3. 员工培训和知识传递的效率低

新员工或转岗员工的培训和知识传递效率低，常需投入大量的人力和时间。如何快速有效地使员工了解公司制度、流程和业务知识成为一大挑战。

例如，为了帮助新员工尽快熟悉业务，专业部门及技术委员会编制了业务指引、培训课件等，但是培训时间有限，能培训的内容不多，能记住的就更少。

6.3.2 解决方案

为解决 Z 集团面临的关键痛点，我们设计了一个综合 AI 助理解决方案。该方案利用 AI 与知识库相结合的技术，旨在提高信息利用效率，并加速员工培训和知识传递。

实施 AI 助理解决方案需要仔细规划，以确保其有效整合到 Z 集团的运营中。以下是具体的实施步骤。

1. 需求分析

经过一系列需求调研，收集了详细的信息需求。这项调研通过在线问卷、个别访谈和小组讨论的方式进行，涵盖了集团的多个核心职能部门及其子公司。

调研收集了各层级员工的反馈，包括他们日常工作中对信息的需求和所面临的挑战。值得注意的是，为了提高效率和控制成本，不要将互联网上容易获取的信息和专业知识纳入项目需求中。例如，Office 软件操作教程等内容被排除在外。然而，一些常用的法律法规和标准仍被视为关键需求，纳入收集范围。

经过梳理，信息需求类别如表 6-6 所示。

表 6-6　收集的信息需求类别

类别	信息
政策和程序文档	公司内部的政策、规章制度、操作程序和流程指南 各部门特定的工作指引和标准作业程序
行业相关信息	相关的法律法规、标准 市场趋势、行业动态和竞争对手分析
内部沟通纪要和报告	部门间的会议记录 项目报告 业绩数据、财务报告
培训和教育材料	新员工培训材料 职业发展资源 转岗指导 技能提升和专业知识更新的资源
常见问题解答和案例库	常见问题的解答 故障排除指南和操作案例 历史案例研究和解决方案的记录
技术和 IT 资源	IT 支持文档、软件使用指南和技术故障排除指南

2. 知识库构建

首先，明确信息需求清单中各项信息的责任部门，并由各部门确定信息的分享范围。

在企业内构建知识库时，常面临的一个挑战是如何处理信息权限的问题。通常，与 AI 模型相结合的知识库不会设置文档级别的权限。为平衡效率与信息保密，Z 集团采用了"1+1+N"的知识库权限模式，即 1 个外部知识库、1 个集团知识库、N 个总部部门及子公司知识库，其中，前两个知识库对所有员工开放，而"N"个总部部门及子公司知识库的访问则需要根据用户的行政隶属关系认证。

对于一些需要更精细控制权限的资料，采取了一种特殊的方法：仅收录文件名和访问途径，提供线下索取该文件的指引。

收集资料时，首先从公司的内部数据库、文档管理系统以及各部门的存档文件中提取现有的资料。然后对资料进行检查，特别注意更新已过时的文件，并整合来自不同部门的资料，以确保知识库内容的全面性和一致性。该过程也包括收集外部法规和行业标准。

整理并上传收集的资料至知识库，确保其结构便于信息检索和更新。

3．集成和测试

将建立的知识库与 AI 模型关联，设置模型和参数。其中提示词如下。

> 你是 Z 集团的 AI 助理，你的任务是为用户提供各种信息咨询。你的回答应优先基于 Z 集团知识库中检索的信息，当知识库中没有相关信息时，可以使用其他信息来源，并标明："在知识库中没有找到相关信息，以下是来自外部的信息"。当用户的问题不清晰或你不理解时，请不要直接回答问题，请向用户追问以澄清问题，追问时尽量加上辅助信息，例如用户问"生产周期是多长时间？"你需要追问"您问的是哪个产品的生产周期？A 产品还是 B 产品？"当用户要求下载文件时，请使用 \<a\> 标签的形式提供下载链接，例如 \<a href="链接地址">docName\</a>。

将 AI 助理集成到现有的办公 OA 系统中。进行全面的系统测试，包括功能测试、用户体验测试和安全测试，确保 AI 助理的稳定和有效。

4. 员工培训和推广

AI 助理测试上线后，为不同用户群体提供培训。内容包括基本功能介绍、提问技巧、实际应用场景演示、AI 的局限性，以及保护数据安全和隐私等。

在几个关键部门中试用 AI 助理。鼓励员工反馈，以优化功能和用户体验。同时，收集和分享成功应用案例，尤其是提高效率和解决复杂问题的案例。并在取得成效后向其他部门及子公司推广。

6.3.3 应用效果

AI 助理能够快速准确地从公司的知识库中检索信息。员工仅需输入简短的查询指令，如"公司的出差报销政策"，AI 助理即可迅速返回相关的政策文件摘要及链接。

> 公司的出差报销政策。

> AI 公司的出差报销政策主要包括以下几个方面。
> 出差审批：出差人员应填写《出差审批单》，报经部门负责人批准后执行。出差超过核准天数时，应经批准人同意，否则超期部分不予补贴。
> 差旅费支出内容及标准：公司员工出差报销的差旅费包括交通费、住宿费、餐费补助等。具体标准可能会因公司、职位、出差地点等因素有所不同。
> 报销程序：……

AI 助理提供一个统一的信息共享平台，员工可以通过它查询其他部门的信息和政策（如"客服中心的 R 产品客户抱怨分析报告"），减少信息不对称和沟通障碍，节省双方的时间。

> 客服中心的 R 产品客户抱怨分析报告。

> 客服中心的客户抱怨分析报告显示，R 产品在过去 3 个月内收到了 200 份客户抱怨。这些抱怨主要集中在产品质量问题、使用过程中的操作问题、客户服务不满以及配送和安装问题等方面。其中，产品质量问题占抱怨总数的 40%，操作问题占 25%，客户服务问题占 15%，配送和安装问题占 20%。经过分析，产品质量问题主要集中在……。

对于新员工或转岗员工的培训，AI 助理可以提供个性化的培训材料和指导。例如，根据员工的岗位，AI 助理可以推荐相关的培训课件和业务指引。AI 助理还能够实时回答员工在工作中遇到的具体问题，加速知识传递和学习过程。

Z 集团引入 AI 助理后，提高了工作效率，加速了决策过程，有效推动了组织的智能化转型。